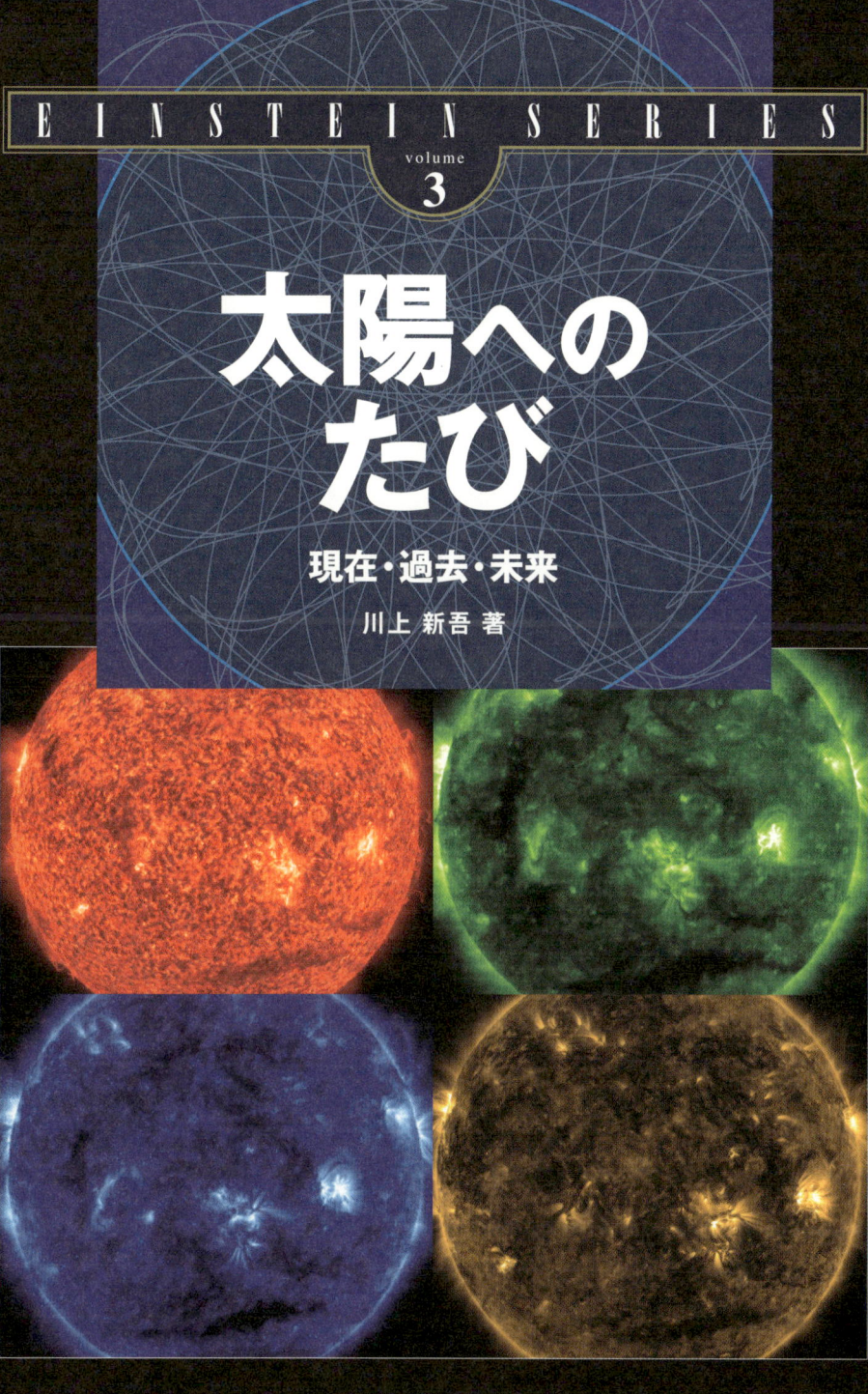

はじめに

　太陽の話をするときには，まずこの写真を見ていただくことにしている．京都大学理学研究科附属飛騨天文台ドームレス太陽望遠鏡（DST）と空にかかる虹である．理由は DST が世界屈指の太陽望遠鏡であり，虹が太陽の謎を解き明かすためのひとつの手法に通じる現象だからである．太陽の観測には虹を用いることが多い，といっても雨上がりに見られる虹ではない．天然の虹は太陽に背を向けると見えるが，太陽研究者は望遠鏡を太陽に向けて虹をつくって調べる．DST は世界一美しい虹をつくる装置といっても言い過ぎではないだろう．その人工の虹には太陽のさまざまな情報が含まれている．

太陽は最も近くにあって，表面の様子を詳しく観測することができる恒星であるとよく言われる．おかげで，太陽で起こる多種多様な現象はとても覚えきれないほどだが，見るだけでもわくわくする．また詳しく見えるということは，理論やシミュレーションとの突き合わせができるということで，これらがうまくつながって太陽の研究は進んできた．その結果，太陽現象の大部分は「磁場」と「プラズマ」というキーワードによって統一的に理解されつつある．
　本書では主に観測的な側面から太陽を紹介する．高校生以上なら理解できると期待したい．スパイスのつもりで数式が少し入っているが読み飛ばしてもかまわないし，読む順序もあまり気にせず口にあいそうなところをつまみ食いしてもよい．それぞれ好みに応じて太陽へのたびを楽しんでいただきたい．

筆者

目　次

はじめに ·· iii

CHAPTER1　身近な太陽 ·· 1
1.1　日の出入りを見てみよう ·· 1
1.2　太陽のみかけの動きとエネルギー ··· 2
1.3　太陽円盤 ·· 4
1.4　日食 ·· 4
1.5　ここにも太陽の影響 ··· 5

CHAPTER2　太陽研究前史 ·· 7
2.1　有翼日輪 ·· 7
2.2　太陽のカラス ·· 9
　●COLUMN1●　これから見られる日食 ·· 11

CHAPTER3　太陽と地球 ·· 13
3.1　太陽と私たち ··· 13
3.2　太陽の温度 ·· 14
3.3　太陽は気体 ·· 16
3.4　周辺ほど暗く見える太陽 ·· 17
3.5　不透明だとありがたい？ ·· 19
3.6　地球以外はプラズマだらけ ··· 19
3.7　地球から見える太陽の大気構造 ··· 21
3.8　星としての太陽 ·· 23

CHAPTER4　太陽の内部 ·· 25
4.1　ガス球理論 ·· 25
4.2　太陽のエネルギー源 ·· 27
4.3　ニュートリノ問題 ··· 33

v

4.4	エネルギー輸送 ………………………………………	35
4.5	自転とダイナモ ………………………………………	38
4.6	大規模な速度場—超粒状斑 …………………………	40
4.7	5分振動と内部構造 …………………………………	42
4.8	宇宙での内部診断 ……………………………………	45
	● COLUMN2 ●　ドップラー効果 ……………………	47

CHAPTER5　太陽の表面 ……………………………………… 49

5.1	太陽スペクトル ………………………………………	49
5.2	フラウンホーファー線 ………………………………	49
5.3	キルヒホッフの法則 …………………………………	51
5.4	太陽の元素・ヘリウムの発見 ………………………	53
5.5	吸収線の形成 …………………………………………	54
5.6	水素原子のスペクトル ………………………………	57
5.7	エネルギーと放射の関係 ……………………………	60
5.8	光球と周辺減光 ………………………………………	62

CHAPTER 6　太陽表面磁場 …………………………………… 65

6.1	黒点の発見 ……………………………………………	65
6.2	黒点の現れ方 …………………………………………	66
6.3	黒点の構造と進化 ……………………………………	69
6.4	黒点はへこんでいる …………………………………	71
6.5	黒点の温度とスペクトル ……………………………	72
6.6	スペクトロヘリオグラフ ……………………………	73
6.7	太陽磁場の発見 ………………………………………	75
6.8	黒点の成因 ……………………………………………	79
6.9	黒点の磁場構造 ………………………………………	81
6.10	半暗部をめぐって ……………………………………	83
6.11	白斑とは ………………………………………………	85
6.12	白斑のモデル …………………………………………	87

6.13	Gバンド輝点	88
6.14	短命磁場領域	90
6.15	太陽観測衛星「ひので」	90
6.16	太陽磁場に関する新たな知見	91
●COLUMN3●	ゼーマン効果	94

CHAPTER7　彩層とプロミネンス　97

7.1	フラッシュスペクトル	97
7.2	見通しが悪いと上が見える	97
7.3	リオフィルター	99
7.4	磁場とガスがせめぎ合う大気	101
7.5	スピキュール	105
7.6	遷移領域	107
7.7	プロミネンス	109
7.8	プロミネンスのスペクトル	110
7.9	プロミネンスをささえるもの	112
7.10	プロミネンスの形成と消失	114
●COLUMN4●	私が使った太陽望遠鏡（その1）	117

CHAPTER8　コロナ　119

8.1	未知元素・コロニウム	119
8.2	コロナグラフの発明	120
8.3	コロナは超高温か？	123
8.4	コロナは超高温！	123
8.5	コロナの100万Kの意味	124
8.6	コロナを熱くする－磁気流体波仮説	125
8.7	コロナを熱くする－音波衝撃波仮説	126
8.8	不均一なコロナの構造	126
8.9	磁気流体波仮説の復活	128
8.10	小規模フレア説	129

8.11　加熱ポイントはどこに ……………………………………130
　　　●COLUMN5●　私が使った太陽望遠鏡（その2）………133

CHAPTER9　フレア ………………………………………………135
　　9.1　フレアの発見 ……………………………………………135
　　9.2　スペクトロヘリオスコープ ……………………………136
　　9.3　Hαによるフレア観測 …………………………………137
　　9.4　フレアのスペクトルとガス運動 ………………………139
　　9.5　フレアに伴う磁場の変化 ………………………………140
　　9.6　磁気エネルギー解放 ……………………………………141
　　9.7　フレアの古典的モデル …………………………………141
　　9.8　リコネクションモデル …………………………………143
　　9.9　太陽X線観測衛星「ようこう」 ………………………144
　　9.10　インパルシブフレアと長寿命フレア …………………146
　　9.11　リコネクションの現場確認 ……………………………146
　　9.12　インパルシブフレア ……………………………………147
　　9.13　X線ジェットの発見……………………………………149
　　9.14　電波で観測されるフレア ………………………………150
　　　●COLUMN6●　私が使った太陽望遠鏡（その3）………153

CHAPTER10　太陽風 ……………………………………………155
　　10.1　彗星の尾 …………………………………………………155
　　10.2　コロナの広がり …………………………………………156
　　10.3　流れ出すコロナ …………………………………………157
　　10.4　惑星間磁場 ………………………………………………158
　　10.5　高速太陽風とコロナホール ……………………………160
　　10.6　太陽の極地探検 …………………………………………161
　　10.7　太陽圏界面 ………………………………………………162

CHAPTER11　太陽からやってくるもの ………………………165
　11.1　変化する太陽定数 ……………………………………165
　11.2　太陽は変光星か？ ……………………………………167
　11.3　太陽磁場が関与する？ ………………………………168
　11.4　太陽の長期的活動と地球 ……………………………170
　11.5　太陽の過去をさらに明らかに ………………………173
　11.6　CMEとシグモイド …………………………………173
　11.7　地球磁気圏とオーロラ ………………………………176
　11.8　宇宙天気予報 …………………………………………179

CHAPTER12　これからの太陽 ……………………………………183

付録　太陽物理学歴史年表……………………………………186
参考文献…………………………………………………………190
あとがき…………………………………………………………193

CHAPTER 1 身近な太陽

1.1 日の出入りを見てみよう

　近頃，日の出入りを眺める機会が減っているという話をよく耳にするが，ぜひ日食観測用メガネを用意して，朝日が昇るとき・夕日が沈むときの様子を観察してほしい．オレンジ色の円盤がゆっくりと姿を見せる様子，あるいは姿を消していくさまはとても印象的だ（図1・1）．

図1・1　富士山頂日の入り（ダイヤモンド富士）
2006年1月28日東京都三鷹市にて筆者撮影

　太陽の上の縁が見え始めてから全体が見えるまで，あるいは太陽の下の縁が地面にかかってから全部見えなくなるまでの時間は，日本付近ではおよそ2分30秒かかる．地球の自転によって天体が移動して見えるみかけの速さは1時

間に15°で，天体は地平線の垂直から緯度の分傾いて出入りするため，よけいに（北緯35°で1/cos35° = 1.22倍）時間がかかることを考慮すると，太陽のみかけの直径はおよそ角度の0.5°（30分角）ということになる．これは指先につまんだ5円玉の穴（直径5 mm）を，腕を伸ばして（約57 cm）のぞいた大きさにほぼ等しい（太陽を見て試さないこと！）．

　日本の国土は東西方向にもかなり広がっているので，東端の日の出から西端の日の出までの時間差は最大2時間ほどもある．日本では時刻を決めるための標準時子午線として東経135°を採用しているが，このことで場所による太陽の見え方と時刻の差は最大1時間程度に抑えられていて，しかも国内で単一の時刻を使う便利さを実現しているのである[1]．

　太陽が南の空で一番高くなる時刻（南中時刻）も，もちろん日本の東西で経度差のために違ってくる．さらに時刻を決めるために用いる一定周期（24時間）で南中する仮想の太陽（平均太陽）と，実際の太陽（視太陽）の位置がずれることによって，東経135°の地点といえども正午に太陽が南中するわけではない．太陽の南中時刻は11月3日頃が最も早く2月11日頃が最も遅くなる．その差は30分40秒ほどもあるため，昼休みの決まった時刻に南北方向の道を歩くと，ビルの影が歩道にかかっていたりいなかったりということが起こる．日射しを気にする人は時期によって東側の歩道と西側の歩道を使い分ける必要がありそうだ．

1.2　太陽のみかけの動きとエネルギー

　太陽の1日の動きは，地面に立てた棒によって知ることができる（図1・2）．1年を通じて観察すると，太陽の出没する方位が日本付近では真東・真西をはさんで1年に60°近くも変化することや，お昼の太陽の仰角（南中高度）が夏至と冬至では47°も異なることがわかる．これは，地球が自転軸を23.4°傾けた状態で太陽のまわりを公転していることを反映している．

　これにともなって，昼間の長さも年間を通じてずいぶん変化し，日本付近では最長14時間35分（夏至）・最短9時間45分（冬至）くらいとなる．そして

---

[1] 西に住むほど早寝早起き，東に住む人ほど宵っ張りの朝寝坊を（気づかずに）強いられているともいえる．

1.2　太陽のみかけの動きとエネルギー

図1・2　日時計
太陽の動きを知るためには，地面に垂直な棒が立っているだけの日時計が役立つ．
写真提供：長谷川能三氏（大阪市立科学館）

　ある地点の南中時に同じ面積が受け取ることのできる太陽のエネルギーは，夏至のほうが冬至の約2倍多くなる．
　日本付近の年間を通じた温度変化は，
　　1）太陽の高度変化（地表の単位面積が受け取るエネルギーの変化）
　　2）昼間時間の長さの違い（エネルギーを受け取る時間の長短）
が主な原因となって起こっている[2]．季節の変化を説明するときに，太陽のまわりを回る地軸が傾いた地球の図がよく使われるが，夏は日本が太陽に寄っているように描かれるため，太陽からの距離が暑さと関係していると勘違いされることがある．しかし実際には，太陽と地球の距離は1月が最も近いし，地軸の傾きのため日本付近で地球の大きさが原因となり夏至-冬至間に生じる太陽との距離差（約2800 km）は，太陽と地球の距離（約1億5000万km）に比べて，はるかに小さく無視できることはちょっと数字をあたってみればわかることである．

---

[2]　実際には温度の変化は，太陽からエネルギーの受け方にすぐには追いつけず約40〜50日遅れる．

1.3 太陽円盤

　太陽はとてもくっきりした円盤状に見える．もし太陽が気体でできた天体であることを知っていれば，これは不思議なこととは思えないだろうか．太陽は天体望遠鏡で観察してもはっきりした縁を見ることができるが，実はこのことは太陽表面の物理的性質を暗示するとても重要な事実なのである（§3.3）．

　時期をえらぶが，ときに朝日や夕日の円盤の中に，黒いしみのようなものが見つかることがある（図1・3）．これは最も古くから記録された太陽の異変だが，黒点と呼ばれる太陽表面現象である．この出現記録は太陽の活動報告のようなもので，特に望遠鏡が発明される以前の長期にわたる肉眼での記録は，太陽の過去を知るうえで貴重な資料とされている（§11.4）．

図1・3　肉眼黒点
2003年10月29日，大阪市にて筆者撮影

1.4 日食

　現在では，「食」という漢字が当てはめられているが，昔は「日蝕」と書いていた．「蝕」は訓読みでは「むしばむ」と読み，（虫に食われて）形がそこなわれるという意味である．丸い太陽が一時的に欠けて見えるためにこの字が使われたらしい．形が変わって見えることが本質だから，食という字ではそのニ

ュアンスが伝わらないのが残念である.

　話が少しそれたが,日食は太陽と地球の間に月が入り込み,太陽の一部または全部が隠される現象である.したがって,日食は必ず新月のときに起こる.ただし月が地球のまわりを回る軌道面(白道面)が地球と太陽を含む面(黄道面)に対して約5°傾いているため,新月のたびにいつも日食が起こるわけではない.日食は新月の際に月がちょうど白道と黄道の交点を通る機会にのみ起こるのである[3].

　太陽は,月の約400倍大きくて約400倍遠くにあるため,みかけの大きさがほぼ同じという偶然(奇跡)によって,最大で約7分間月が太陽を完全におおう皆既日食となる場合がある(図1・4).太陽をめぐる一大スペクタクルともいえる皆既日食は,19世紀中頃から20世紀にかけて天文学が物理学の手法を取り入れていく段階で重要な役割を果たした(§7.1,§8.1).

図1・4　皆既日食
2002年12月4日,オーストラリア・セドゥナにて筆者撮影

1.5　ここにも太陽の影響

　太陽そのものではないが,ときに現れ話題となる彗星(図1・5)の尾の変

---

[3] 月は半周前(後)に反対側の交点を通る.日食から半月隔てて月食が見られるのは,このためである.

CHAPTER1 身近な太陽

図 1・5 ウエスト彗星 (1975n)
1976 年 3 月 5 日 05 時 24 分 00 秒より 30 秒
露出,和歌山市にて筆者撮影

化や (§10.1), 北極・南極地方で見られるオーロラも, 太陽の活動を反映する現象である (§11.7).

また地球磁場が乱されるなど, 私たちが直接目にすることがない現象にも太陽が大きく関わっていて, 現在の私たちにとって太陽活動は決して無視することができない時代となってきている (§11.8).

私たちが日常ふれることのできる太陽のイメージはこれくらいだろうか. 以下の章では, 身近な天体としての太陽を意識しつつ, 現在の太陽像を紹介していこう.

CHAPTER 2 太陽研究前史

　人類は太陽の恩恵を受けて生きてきたわけであるが，太陽が科学の対象となったのはそう昔のことではない．地動説がほぼ確からしいと認められ，天体望遠鏡が発明された1600年代初頭がその出発点といえるだろう．といいながらも，それより以前に太陽が観察されていなかったわけではもちろんなく，現代の目から見て重要な発見はなされているのである．特に注目される2件について調べてみよう．

2.1　有翼日輪

　月が太陽を完全におおいつくす皆既日食の際には，月におおわれた太陽の周囲に真珠色に輝くコロナを見ることができる．地球全体としては日食は決して珍しい現象ではないが，皆既日食は地球上の限られた範囲（最大でも全地球面積の1%に満たない）でしか見ることができない．地球上のある1地点で皆既日食が見られるのは，平均して340年に1回という計算がされている．皆既日食はとても印象的な（というよりも強烈な）出来事なので，古い時代でも見られていれば記録として残される可能性は高いだろう．

　人類史上最初の信頼できる日食記録は，古代都市国家ウガリット（現シリア地中海沿岸）に残された粘土板にあるもので，紀元前1375年5月3日，もしくは紀元前1223年3月5日（こちらが有力）と読みとれるらしい．また，紀元前8世紀頃から栄えたアッシリアのアッシュルバニパル王の図書館から発掘された粘土板にも日食の記録があり，これは計算によると紀元前763年6月15日に起こった日食と同定されていて，古代史における年代決定にとって重要な資料となっている．このようにおよそ3000年以上昔から日食は記録されてきたわけである．

CHAPTER2 太陽研究前史

起こった年月日までの記録はともかく,皆既日食を見たということだけなら歴史をもっとさかのぼることができるかもしれない.古代エジプトの建造物や埋蔵品の中には,太陽円盤にワシの翼をあしらった「有翼日輪」と呼ばれるデザインがあり,最も古いものは紀元前18世紀までさかのぼるそうだ(図2・1).このデザインは太陽活動があまりさかんでないときに起こった皆既日食[1]

図2・1　有翼日輪(エジプト・メディネト=ハブ)
写真提供:シカゴ大学オリエント研究所

図2・2　活動極小期に近い太陽のコロナ
2006年3月29日,エジプトにて.写真提供:飯山青海氏(大阪市立科学館)

---

[1] 皆既日食時のコロナの見え方は,太陽黒点の増減(§6.2)と関連している.黒点が多い太陽活動極大期には,太陽全周をとりまくように広がって見え,黒点が少ない極小期には,太陽の両側に伸びたように見える.

の際に見られる（図2・2），太陽の赤道方向に長く伸びたコロナの形ではないかという考えがマウンダーをはじめ，何人かの研究者によって出されている．

コロナが何であるのかについては，たとえば，大気中の現象あるいは月に付随するものと考えられたりもしていた．コロナが太陽に属することを示したのはケプラーだといわれていて，やはり1600年代になってからのことである．この続きは第8章で述べる．

2.2　太陽のカラス

中国の一部ではしばしば黄砂のため，真昼でも太陽がまぶしくなく円盤状に見えることがあるそうだ．紀元前800年頃から，そのように減光された太陽の中に暗いしみが見えたという記録が残されている．

1972年に湖南省長沙の馬王堆（マーワントイ）1号墓で，漢代のものとされる女性のミイラが発見された．ミイラを納めた木棺は太陽や月が描かれた絹布（図2・3）でおおわれていて，その太陽の中にはカラスが描かれている．漢代の中国には，太陽にはカラスが住んでいるという説話があったらしく，それにしたがって絵

図2・3　馬王堆1号墓から出た帛画の上部
右上の太陽の中には黒い鳥，左上の三日月の上にはヒキガエルが描かれている．

も描かれたものと思われるが，カラスは先に述べた暗いしみに由来すると考えられないだろうか．

　これは現代の知識に照らせば，肉眼で見ることのできる巨大な黒点の出現を意味している．太陽直径の数10分の1にも及ぶ黒点が現われれば，肉眼でもその存在に気づく．そのような巨大な黒点（正確には黒点の群）が出現するのは，10年間で数回程度の頻度である．望遠鏡が発明される以前の太陽活動を推測する上で，「カラス」は非常に重要な意味をもっている．黒点の本質は1600年代初頭にガリレオが最初に明らかにすることになる．この続きは第6章で述べる．

● COLUMN1 ●

これから見られる日食

2042年までに日本で見られる日食

年月日	時間帯	食の様子
2016年3月9日	午前	全国で部分日食
2019年1月6日	午前	全国で部分日食
2019年12月26日	午後	全国で部分日食，東日本は日没帯食
2020年6月21日	午後	全国で部分日食
2023年4月20日	午後	九州四国南部で部分日食
2030年6月1日	午後	北海道で金環日食，その他で部分日食
2031年5月21日	午後	南西諸島で部分日食
2032年11月3日	午後	全国で部分日食，東日本は日没帯食
2035年9月2日	午前	富山〜水戸を結ぶ地域で皆既日食，その他で部分日食
2041年10月25日	午前	福井〜名古屋を結ぶ地域で金環日食，その他で部分日食
2042年4月20日	午前	鳥島付近で皆既日食，その他で部分日食

日没帯食：食が終わる前に欠けたままの太陽が沈むこと

太陽を安全に観察する方法

　太陽を直接見るのは御法度だ．でも日食が起こるとか，肉眼でも見える黒点が現れたなど，ニュースで賑わうと一目見てみたいと思うのが人情．ではどうすればいいのか？

　写真のような「太陽安全観察箱」を作るのがお勧めだ．作り方はとても簡単である．

　　用意するもの：頭にかぶれるくらいの箱（長辺が50cmくらいあるとよい），アルミニウム箔，白い紙，画鋲，カッター，セロハンテープなど

作り方：
① 箱の一面に適当な（1cm 角もあれば十分）大きさの穴をあける．
② 穴をふさぐ程度のアルミニウム箔を切り取る．
③ アルミニウム箔の中央に画鋲で穴（ピンホール）を開ける（ここが最大ポイント！ デスクマットの上などで，画鋲をゆっくり回すようにして，なるべく小さくきれいに開けること）．
④ ②の穴の中央にピンホールがくるようにアルミニウム箔を箱に貼り付ける．
⑤ ピンホールと向かい合う面の内側に白い紙を貼る．

使い方：まわりの安全を確かめた上で箱を頭にかぶって，太陽を背にして立つ．頭が影にならないように気をつけて，ピンホールから入る光を，白い紙に当たるようにする．箱の長さが 50 cm あれば太陽は 5 mm くらいの大きさに写る．

ピンホールを使った太陽安全観察箱

太陽と地球

3.1 太陽と私たち

　私たちの地球が太陽から受け取るエネルギーは，他の惑星と比較してどれほどのものなのかを調べてみよう．惑星が単位面積当たり受け取ることのできるエネルギーは，太陽から離れれば離れるほど小さくなるが，小さくなり方は距離の2乗に反比例する．つまり，距離が2倍になると受け取る量は4分の1となる．一方，それぞれの惑星が全体で受け取るエネルギーは，惑星が太陽のエネルギーの流れに正対する断面積，つまり惑星半径の2乗に比例して多くなることはすぐにわかる．

　地球を基準として，惑星が単位面積および全面で受け取る太陽エネルギーを表3・1にまとめた．単位面積で受け取るエネルギーは太陽から離れるにつれて急激に減少することがわかるが，面白いのは惑星全体で受け取るエネルギーだと，水星・地球・土星がほぼ同じということである．惑星全体として太陽か

表3・1　各惑星が太陽から受け取るエネルギーの比較

	太陽からの平均距離	単位面積で受け取るエネルギー	惑星の半径	惑星全面で受け取るエネルギー
	[天文単位]*	(地球＝1)	(地球＝1)	(地球＝1)
水星	0.3871	6.7	0.3826	0.977
金星	0.7233	1.9	0.9489	1.714
地球	1.0000	1.0	1.0000	1.000
火星	1.5273	0.43	0.5325	0.122
木星	5.2026	0.037	11.209	4.642
土星	9.5549	0.001	9.449	0.978
天王星	19.2184	0.0027	4.007	0.0435
海王星	30.1104	0.0011	3.883	0.0166

＊太陽—地球間の距離（約1億5000万 km）が1天文単位

ら一番多くのエネルギーを受け取っているのは木星である．

さて，地球に私たちが住むことができるのは，地球に大気が存在することと，水が液体として存在していることによるところが大きい．水が液体として存在するためには，1気圧（1.0×10^5 Pa）の下なら温度が0〜100℃（273〜373 K[1]）の範囲になければならない．地球でこのような条件が満たされた理由を以下で考えてみよう．

太陽から受け取るエネルギーと，地球自身が放射するエネルギーがバランスしているときに実現する温度を放射平衡温度と呼んでいて，地球のアルベド[2]を考慮した計算上の値は 255 K（-18℃）となる．このままでは地球は凍った惑星になってしまうが，そうならないのは地球大気に含まれる水蒸気や二酸化炭素などの温室効果ガスのためである．太陽からの主に可視光線によって暖められた地球（地面）は，それを赤外線の形で宇宙に向けて放出する．ところが温室効果ガスは赤外線を吸収する能力が大きいため，出て行こうとする赤外線の一部はいったん吸収され，その一部が地表に向けて再放射されるのである．このことによって地表付近では放射平衡温度よりも温度が高めに保たれることになる．実際，地表の温度は平均 288 K（15℃）となっていて，そのため地球上の大部分で液体の水が存在できることになる．

ところで，温室効果は地表付近の温度を高め安定に保つものであって，決して太陽からのエネルギーをため込む働きをしているのではない．地球に入るエネルギーと地球から出ていくエネルギーはバランスしており，地球全体を外から見たときの放射平衡温度は，太陽の温度（約 6000 K）とアルベドが変わらない限り 255 K であることに注意しておきたい[3]．

3.2 太陽の温度

いったい，太陽からはどのくらいのエネルギーが出ているのだろうか．それは地球に届く太陽放射エネルギーの量から推定することができる．ラジオメー

---

[1] K は絶対温度の単位でケルビンと読む．-273.15℃ $= 0$ K である．
[2] 地球に到達する太陽放射量に対して地球大気や地表で反射される放射量の比で値は約 0.3．
[3] ごく大雑把にいうと，地球は太陽から 6000 K の放射を受け取り，300 K の放射に変えて宇宙に戻している．両者のエネルギーは等量であるが，この温度差が地球上でのさまざまな現象に寄与しているのである．

3.2 太陽の温度

タ（黒く塗られた受光部に一定量の水を接触させ密閉した装置）を使い，これに一定時間太陽の光を当て水の温度上昇を測定すれば，地表で受け取る太陽エネルギーの量を計算することができる．測定の原理そのものは非常に単純だが，実際には天候などの影響を受けるため非常に難しく，さらに地球大気による吸収が波長によって異なることなど面倒な補正を施す必要がある．20世紀の前半にアメリカ・スミソニアン協会のアボットを中心として，世界各地で数十年に及ぶ組織的な測定が行われた．その結果，太陽からのエネルギーは誤差の範囲内で一定と考えられ，大気圏外での値に換算して 1.367 kW/m^2（$= 1.96 \text{ cal/(cm}^2 \cdot \text{min)}$）という値が得られた．この量を太陽定数と呼んでいる．

さて，太陽が四方八方にまんべんなくエネルギーを放射していると考えると，地球の公転半径を通過していく太陽の放射エネルギーは，太陽定数に半径1天文単位の球面の面積をかけたものになる．それは $3.85 \times 10^{26} \text{ W}$ という膨大な量になる．火力発電所1基の出力が最大100万 kW（$= 10^9 \text{ W}$）程度であることを考えると，実に10京基以上分である．そして，太陽から地球軌道までの間にエネルギーをさえぎったり吸収してしまったり，あるいは増幅したりする物質がないと考えると，$3.85 \times 10^{26} \text{ W}$ がまさに太陽が放射しているエネルギーということになる．この量を太陽の全放射量と呼んでいる．

次に，太陽がどのくらい高温であればこれだけのエネルギーを放射できるかを推定してみよう．黒体[4]の単位面積から出てくる放射エネルギー S と温度 T との間には

$$S = \sigma T^4$$

という関係があることを，19世紀終わり頃にステファンが実験から求め，ボルツマンが理論的に説明した．これをステファン=ボルツマンの法則と呼んでいる．σ は定数で $5.67 \times 10^{-8} \text{ W/(m}^2 \cdot \text{K}^4)$ という値をとる．この法則を太陽に当てはめてみよう．太陽表面の 1 m^2 から単位時間に出てくるエネルギーは，全放射量を太陽の表面積で割ったものになるから

$$S = L/4\pi r^2 = \sigma T^4$$

となる．ここで L は全放射量，r は太陽半径で $6.960 \times 10^8 \text{ m}$ である．これよ

---

[4] 外部から入射するあらゆる波長の放射を完全に吸収し，それを再放射することのできる熱平衡にある仮想的な物体のこと．星の表面などは近似的に黒体と見なしてよい場合が多い．

り T を計算すると 5777 K（約 5500℃）となる．太陽が黒体であると考えて得られた温度 T を有効温度といい，これを太陽の表面温度と考えてほぼ差し支えない．

3.3 太陽は気体

　太陽面に見られる黒点の移動の様子などから，太陽の自転の速さは緯度によって違っている（赤道ほど速く，極ほど遅い）ことがわかっており，これは太陽が固体でないこと，すなわち太陽は地球や月でいうようないわゆる「地面」がないことを示している．さらに前節で述べたように太陽の温度がおよそ 5800 K もあるということは，ほとんどすべての物質が気体の状態になっていることを意味している．ところで，太陽が気体でできているならば，地球から見た太陽は周囲が少しぼやけて見えてもいいように思えないだろうか．しかし，望遠鏡で観測しても太陽の縁は特にもやもやしておらず，非常にくっきりとしているのが不思議である．

　私たちのイメージとしては気体というのはとても透明なものだ．地球には気体の層（大気）があるが，もし大気が透明でなければ空にある太陽や星を見ることができないし，逆にランドサット衛星で地上の様子を探査することもできない．地球大気は私たちの目に見える可視光線や一部の赤外線に対しては透明度がとてもよいからである．

　一方太陽面は，可視光線を含めた光に対して非常に「不透明」なのである．不透明さはそこにある気体の種類や温度・密度といった物理状態によっているが，太陽面の場合外から見通すことのできる深さはせいぜい 500 km しかないことがわかっている．500 km というとずいぶん見通しがよいという印象を受けるかもしれないが，太陽面の気体密度は地球大気のせいぜい 1 万分の 1 しかないため，密度で見通しが決まっているとすると太陽面の 500 km は地球上の 50 m に相当する．つまり地球上で 50 m 先が見えなくなるような状態と同じということで，太陽面はずいぶん見通しが悪いといえるわけだ．

　以上のことから，太陽は 500 km の程度ではもやもやとしていることがわかったが，なんといっても太陽の半径の 70 万 km に比べると 500 km は非常に薄い．たとえば，望遠鏡を使って直径 15 cm に投影した太陽像に対してわずか

0.05 mm の程度なので，太陽の縁はとてもくっきり見えることになり，太陽には一見はっきりした表面があるように感じられるわけである．

3.4 周辺ほど暗く見える太陽

投影された太陽像を詳しく見ると，中心が明るく周辺にいくにつれて少しずつ暗くなっていることに気づくだろう（図3・1）．これを周辺減光と呼んでいる．この現象は，上にいくほど温度が低くなる大気を考え，見通すことのできる深さが一定（500 km）だとすると（図3・2），太陽面中心を見るときに比べて周辺では温度が低く暗い層を見ることになるため起こる．

実際には，今述べたことはむしろ結果であって，周辺減光を精密に測定することによって，太陽の大気の深さに対する温度構造を求めることができる．そのようにして作った太陽大気のモデルの例が図3・3である．このような大気モデルは，周辺減光だけではなく，太陽大気が平衡に保たれる条件なども考慮して作られている（§5.8）．

図3・1 周辺減光の様子
1983年12月26日15時01分05秒，京都市にて筆者撮影

CHAPTER3 太陽と地球

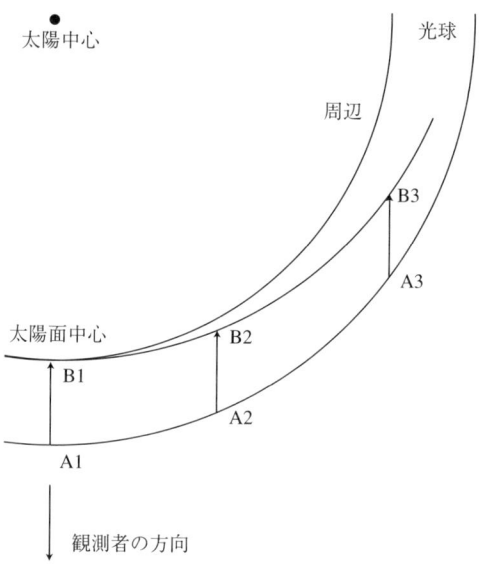

図 3・2 周辺減光の概念図
見通すことのできる深さが同じでも（A1B1＝A2B2 ＝ A3B3），見えるところの温度が中心と周辺では違ってくる．光球の厚さは誇張して描いてある．

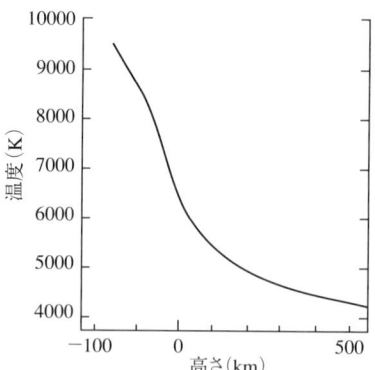

図 3・3 周辺減光から求めた太陽大気モデル
ハーバード=スミソニアン基準大気と呼ばれる大気モデルの温度分布を示す．0 km は連続光が太陽面中心から出てくる高さ．
(Gingerich, Noyes, Kalkofen and Cuny, Solar Physics 18, 347 (1971) より作成)

3.5 不透明だとありがたい？

　先に述べたように，太陽面が不透明でなかったらいったいどのようなことになるのだろうか．もし太陽がもっと透明だったとしたら，地球からは太陽のもっと奥深くまで見通すことができるようになるわけで，これはとりもなおさず太陽のもっと奥の温度が高い層から放射エネルギーが出てくることを意味する．温度の高い物質は，可視光よりももっと波長が短くエネルギーの高い紫外線を多く放射するので，それを受け取る地球の状況もずいぶん違ったものになっていたであろうし，特に生物にとってはかなり厳しい環境となっていたことだろう．

　1939年にヴィルトが，太陽の不透明さを決めているのは水素原子に，ナトリウムや鉄などから電離した電子が1個くっついた水素負イオン[5]であるという考えを示した．後にチャンドラセカールらによる理論的な計算から，観測から得られた太陽大気の不透明度が水素負イオンの存在によって再現できることが明らかとなった．水素負イオンは中性の水素原子に比べると太陽での存在量は1千万分の1程度と圧倒的に少ないが，まさに可視光で見えている深さ付近だけに集中して存在している．水素負イオンは極紫外域から赤外域に及ぶ非常に広い波長域で連続光を吸収する能力が非常に高く，太陽内部から運ばれてくるエネルギーを最終的には約5800 Kに相当する可視光線を中心とする連続光放射として再放射していることになる．

　地球に生命が誕生し，私たち人類が暮らしていけるのは，まさに太陽面に水素負イオンが存在するおかげといえるだろう．

3.6 地球以外はプラズマだらけ

　温度が上昇すると，物質は固体から液体さらには気体へと状態が変化するが，気体の温度がさらに上昇するとやがて原子や分子から電子が離れて，正イオンと電子に分かれる．これを電離という．このように正イオンと電子がほぼ同数だけ存在し，電気的には中性な気体をプラズマと呼んでいる．この場合，電離していない粒子がまざっていてもかまわない．プラズマは固体・液体・気

---
[5] 蛇足であるが，負イオンの英語はマイナスイオンではなくネガティブイオンなので間違えないようにしたい．

CHAPTER3 太陽と地球

体につぐ物質の第四状態といわれている.

私たちの身の回りでは,稲妻や電離層・オーロラ,また炎やネオンサイン・蛍光灯の内部などがプラズマ状態である.つまり地球にはプラズマはそれほど多くは存在していない.しかし一歩宇宙へ出ると,太陽コロナ・太陽の本体,さらに恒星や星雲それに銀河のほとんどの領域もプラズマに満たされていて(図3・4),宇宙を構成する物質の99%はこのプラズマ状態にあると考えられている.

電離していない気体では,粒子が近接した場合のみ相互に力(ファンデルワールス力)を及ぼしあうが,電離した気体ではクーロン力によってはるかに遠

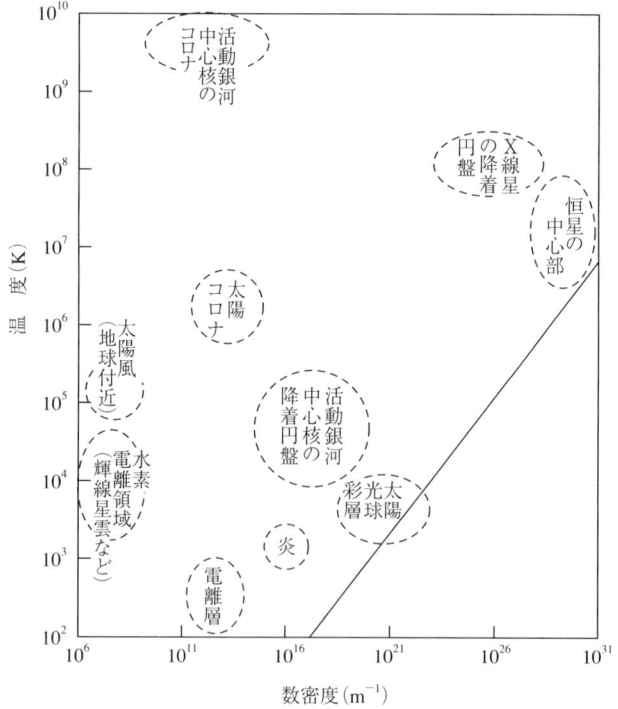

図3・4 プラズマの世界
プラズマが自由に動くことができるのは斜線より左上の範囲となる.

い粒子にまで力が及ぶため，集団的な振る舞いをとるようになりさまざまな興味深い性質が現れる．また，電荷をもつということは磁場と相互作用をすることである．特に重要なのは，ほとんど完全に電離したプラズマ中では，磁力線がまるでプラズマに凍りついたかのように一体として振る舞うという性質で，1940年代にアルベーンによって見出されている．太陽ではプラズマと磁場が複雑に関連しあうことによってさまざまな活動現象が起こっているのだ．

3.7 地球から見える太陽の大気構造

　私たちが地球から眺めることができる太陽の大気はどのような構造になっているかを，ここでおおまかにふれておく．

　地球の大気といえば，地球を取り巻く空気層のことだ．大気の最も低いところ＝地表面というのは明らかだが，上はどこまでかというとはっきりした境界はない．一般的には空気の密度が地表の約1兆分の1（10^{-12} kg/m³）になる高度500 km付近までを大気の高さとすることが多いようである．

　太陽は全体が気体でできているから，その中心から外側まで全てが大気といえなくもないが，普通には私たちが地球から直接観測することのできる先に述べた見通しの効く範囲までを大気と呼び，それを3つの層に分けて考える．目に見える太陽の表面が光球，その上が彩層，太陽大気の最も外となるのがコロナである（図3・5）．

　光球は，太陽をこれ以上深く見通すことができなくなる層で，逆にいえば太陽からの連続光の放射はここから出てくるように見える．先に表面といったが，太陽は気体なのでここが光球面というところはなく，光球では約500 kmの厚さにわたって次第に物理状態（温度や圧力）が変化していく．光球にはこれより深い部分で起こっている対流現象のあらわれである粒状斑（§4.4）が全面に見られる．また，太陽の縁ほど暗く見える周辺減光は，光球内に高さによる温度の変化があることを意味する（§3.4）．また，黒点や白斑（はくはん）といった太陽の磁場に関わる現象が光球で観測される．

　彩層は，光球をおおう厚さおよそ2000 kmの大気である．連続光に対してはほとんど透明なので，普通には見ることができないが，水素のHα線（波長656.3 nm）やカルシウムのK線（393.4 nm）といった強い吸収線（§5.2）

の中心波長だけを通す装置で観測すると，その波長の光に対しては太陽の大気の見通しが悪くなるため，光球より上の彩層の様子が見えてくることになる．皆既日食の際には，月がまぶしい光球を隠しきった瞬間に空を背景にピンク色に輝く彩層を見ることができる．ピンク色に見えるのは先に述べた水素$H\alpha$線の赤色が強く出ているからである．彩層は光球に比べて密度が小さく，ガスは磁場に支配される傾向にある．$H\alpha$線などで見られる模様は，おそらく彩層中での磁力線を表していると考えられている．またスピキュールと呼ばれる彩層からコロナ中に突き出す林のような構造（§7.5）は，直径3万kmほどのネットワーク構造周辺（§4.6）に分布していて，やはり磁場と関係しているらしい．光球に比べて彩層およびスピキュールの様子は場所による違いが大きく，特に上層ほど磁場に支配された不均質な状況となっている．

　コロナは地上では皆既日食のとき，あるいはコロナグラフと呼ばれる特殊な装置を使えば観測することができる．太陽の最も外側の大気で，非常に希薄で

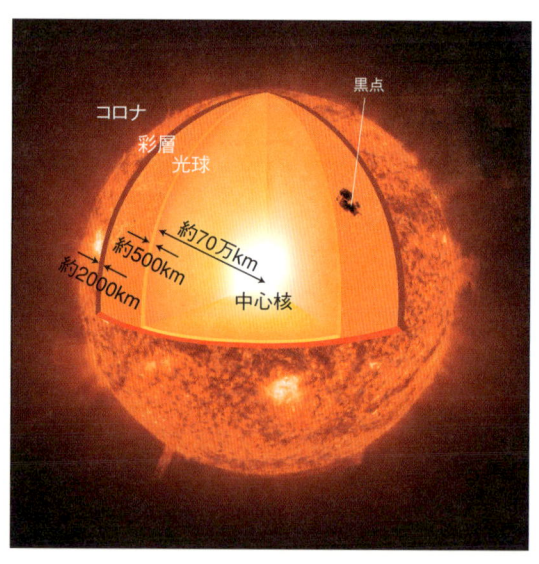

図3・5　太陽大気の概念図
太陽の大きさに対して，光球・彩層の厚みは誇張して描かれていることに注意．

あり彩層以上に磁場に支配されている．コロナには磁力線に閉じこめられたプラズマのループ状構造が見られる．黒点を含めた活動領域では，高温・高密度となったプラズマのループが数多く集まっていて，活動領域付近からは外に向かって流れ出すようなストリーマと呼ばれる構造が存在することもある．それ以外の場所では，太陽のもっと弱い磁場（一般磁場）を反映した太陽半径規模のループがあり，極付近にはポーラープルームと呼ばれる刷毛で掃いたような構造が見られる．コロナの広がりは，太陽磁場の広がりそのもので，それは地球を越え惑星間空間を越えて，はるか200億 km 以上もの彼方の太陽圏界面（ヘリオポーズ）に及んでいるのである．

3.8　星としての太陽

　いささか天下り的ではあるが，ここで太陽にまつわる数字を表3・2にまとめておこう．

　なお，恒星としての太陽は，誕生してからおよそ50億年と見られる主系列星[6]で，スペクトル型[7]は G2 である．昼間の星として私たちが見るのは白色の太陽であるが，もし夜空の星として輝いていたとすると，やや黄色みがかった星として見えることだろう．夜空にある G2 型星の代表はケンタウルス座 α 星（-0.3 等）であるが，残念ながら北緯 30°以南でしか見ることができない．日本からよく見える明るい G2 型星はとても少なく，りゅう座 β 星（2.8 等）・みずがめ座 α 星（3.0 等）くらいである（ただし実体は2つとも主系列星ではなく超巨星）．太陽が地球から15光年くらい離れていればこれらの星のように見えるはずだ．

---

[6] 恒星がその一生のうち最も長い時間を過ごすステージ．中心部での核融合反応（§4.2）が安定して継続し，星の大きさや温度はほとんど変化しない．

[7] 分光観測（§5.2）した際に現れる特徴によって恒星を分類したもの．星の表面温度に対応している．温度の高い方から OBAFGKMLT の記号で表し，さらにそれぞれを 0~9 に細分する．

CHAPTER3 太陽と地球

表 3・2 太陽の諸元

赤道半径	6.960×10^8 m(地球の 109 倍)			
質量	1.989×10^{30} kg (地球の 332946 倍)			
平均密度	1.41×10^3 kg/m^3(地球の 3.9 分の 1)			
赤道重力	274 m/s^2 (地球の 28 倍)			
放射量	3.85×10^{26} W			
有効温度	5777 K			
組成	水素	ヘリウム	酸素・炭素・ネオン・窒素	その他
質量比(%)	70.60	27.54	1.55	0.31
個数比(%)	90.95	8.91	0.13	0.01

CHAPTER 4

太陽の内部

4.1 ガス球理論

　1870年頃には太陽が内部まで気体であること，すなわちガス球であることが明らかとなってきた．高温ガス球がどのような物理状態であれば，星として安定に存在することができるかという理論的な研究は，レーンらによって始められた．それを体系化して星の内部構造論の基礎をつくったのがエムデンである（1907年）．

　安定に存在している高温ガス球は，内部のすべての場所で力学的につりあっていないといけない．力学的につりあっているとは，星の内部のどの部分をとっても「外に押しだす力＝内に引く力」が成り立つことである．さらに正確に言えば，大気内のある部分にかかる内外方向の圧力差（外に押し出すためには内側の圧力の方が大きくないといけない）と，その部分が重力によって引かれる力とがつりあうことで力学的つりあいの条件となる（図4・1）．それは

$$\frac{dP(r)}{dr} = -\frac{GM(r)\rho(r)}{r^2} \tag{4.1}$$

という微分方程式の形で記述することができる．ここで，rは星の中心からの距離，Pはrでの圧力，ρはrでの密度，Mはrより内側の総質量，Gは万有引力定数である．この式は星の中心からrのところでの密度と圧力の関係を与えるものとなっている．

　また半径rより内側の質量Mは，密度の分布ρによって決まっているので

$$\frac{dM(r)}{dr} = 4\pi r^2 \rho(r) \tag{4.2}$$

という方程式で記述することができる．

　圧力Pと密度ρは温度の関数なので，エネルギーに関わる関係式を与えな

CHAPTER4 太陽の内部

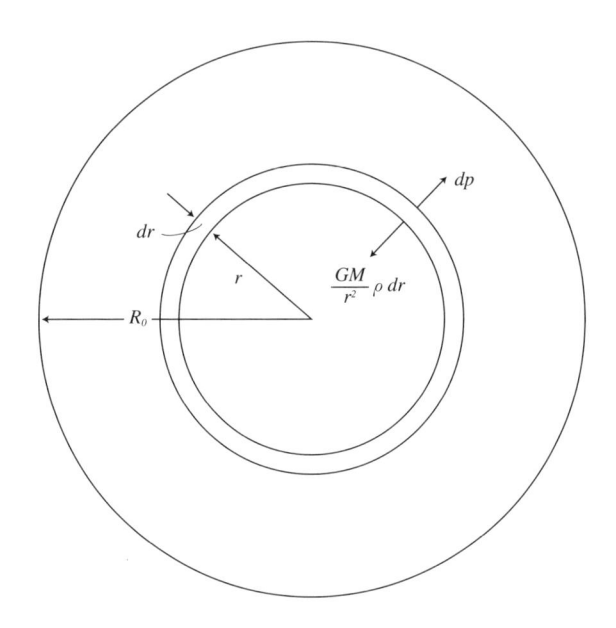

図4・1 力学的つりあいのイメージ
厚さ dr の薄い球殻部分で，外に押し出そうとする圧力 dp と内に引っ張りこもうとする重力 $\frac{GM}{r^2}\rho\,dr$ がつり合っている．

いと解くことができない．本来は気体の状態方程式を用いるべきであるが，圧力と密度の間にある関係を仮定すると微分方程式を解くことができ，平衡状態にある星の性質を推定できることをエムデンは示した．彼が用いたのはポリトロープ平衡と呼ばれる関係で，K と n を定数として

$$P(r) = K\rho(r)^{(1+1/n)} \tag{4.3}$$

という形に書かれる．この関係を採用したのは，星の内部でのエネルギーの流れは，地球大気と同じように対流によっていると考えられたからだ．対流ではエネルギーが断熱的に運ばれると考えてよいので，γ を比熱比（＝定圧比熱／定積比熱）として $P \propto \rho^\gamma$ という関係が成り立つ．これを一般化したものがポリトロープ平衡であり，エムデンはいくつかの n に対して解を求めることができた．得られた答えの1つによると，太陽の中心温度は約1200万K，密度は水の約75倍となっている．

エムデンの仕事を実際の星に適用するにはさらに研究が必要であった．現実の太陽のモデルを作るには，太陽の内部組成や温度の分布を仮定し，さらにエネルギー輸送過程を考慮しないといけない．そして実際に観測することのできる太陽半径，表面温度，エネルギー量などに合うようにモデルを修正していくわけである．

1926 年にはエディントンが，エネルギーの流れを対流ではなくて放射であるとし，力学的つりあいには放射圧の影響も考慮しないといけないことを示した．エディントンの計算によると，エネルギーを放射で運ぶためには，星の中心では膨大なエネルギーを発生させる必要がある．その条件は太陽中心部の温度が 3000 万 K 以上，密度が水の 100 倍近いという途方もないものであった．エディントンは，エネルギー源をおそらく原子核レベルの反応によるものであろうと推察していたが，答を得るまでには至らなかった．しかし，彼は物理法則から星の構造を理論的に明らかにすることに成功し，その後の天体物理学の発展に非常に大きな貢献をしたのである．

4.2 太陽のエネルギー源

太陽から放射されるエネルギーは 3.85×10^{26} W にも及ぶことを紹介したが（§3.2），このように膨大なエネルギーはどのようにして作り出されているのであろうか．エネルギー源の候補としては，燃焼のような化学エネルギー，太陽自体がもつ重さを利用する重力エネルギー，もしくは太陽を構成する気体がもつ内部エネルギーなどが考えられていたこともあった．

ものを燃やすような反応で取り出すことのできる化学エネルギーは，たとえば，物質 1 g 当たり石炭で 25 kJ 程度，灯油で 45 kJ 程度である．つまり太陽は 1 秒間に石炭を 1.54×10^{19} kg 燃焼させるだけのエネルギーを放射していることになる．太陽の質量は 2×10^{30} kg であるから，これが全部石炭だとしても約 10^{11} 秒，すなわち 3000 年程度しか保たないことになる（燃やすための酸素はどこから供給する…とかいう話は別）．

重力エネルギーを考えてみよう．物体をある高さから落下させると，物体のもっていた位置（重力）エネルギーは次第に運動エネルギーに変換され，停止したところでジュール熱が発生する．太陽の内部でガスが落ち込んでどこかに

CHAPTER4 太陽の内部

ぶつかって熱が出ているという考え方もできることになる（これは結局ガスの圧力を無視しているが）．しかし，太陽がもつ巨大な重力エネルギーを最大限に見積もったとしても 10^{41} J 程度であり，この過程では太陽はせいぜい数千万年で寿命がつきてしまう．

太陽は気体なので，その温度や密度に応じた内部エネルギーをもつ．このエネルギーを放射エネルギーに転換することで，太陽が輝いているという考えも成り立つ（もともとのエネルギーがどこからきたかは問わない…）．しかし，太陽が蓄えることのできる内部エネルギーは，太陽の高温をせいぜい 1000 万年程度維持できるにすぎないことが明らかとなり，エネルギー源の謎はこれでも説明することができなかった．

ちなみに，太陽の寿命が上記のように数千年から 1000 万年程度では困るというのは，地球の年齢との関係から要請されることである．20 世紀に入るまでに，地球は誕生から数十億年経過していることが地質学的にほぼ明らかになっていて，また化石の存在などから太陽が無い時代の地球というものを想定することはできないからである．

20 世紀に入って，アインシュタインが特殊相対性理論の中で質量とエネルギーが等価であることを示し，太陽中心部ではなんらかの形で質量が消滅すること（質量欠損）で，それをエネルギーに転換しているのではないかと推測されるようになった．有名な $E_0 = mc^2$（E_0：静止エネルギー，m：質量，c：光速度）の式に当てはめれば，わずかな質量の消滅から膨大なエネルギーが発生しうることが明らかとなったからである．

エディントンによる恒星内部構造の理論的研究から，ガス球である太陽の表面を高温に保つためには，超高温・超高圧の中心部で膨大なエネルギーを発生させる必要があることがわかっていた．このエネルギーの担い手については，1938 年にベーテとヴァイツゼッカーが独立に，太陽中心部で水素をヘリウムに転換する熱核融合反応であることを提案した．彼らの考えは炭素（C）と窒素（N）を触媒のように使って反応が進むため CN 反応と呼ばれていた．のちに酸素（O）も一定の役割を果たしていることがわかり，CNO サイクルと呼ばれている．同じ年にベーテは C や N が関与しなくても反応が進む pp チェインと呼ばれる過程も発見している．以下に示すような核融合反応によって質量

4.2 太陽のエネルギー源

の消滅が起こり，膨大なエネルギーが発生するのである．
　比較的単純な pp チェインから反応式を紹介すると，

$$_1^1H + {}_1^1H = {}_1^2H + e^+ + \nu_e \tag{4.4}$$

$$_1^1H + {}_1^2H = {}_2^3He + \gamma \tag{4.5}$$

$$_2^3He + {}_2^3He = {}_2^4He + 2{}_1^1H \tag{4.6}$$

となっている．$_1^1H$ は水素原子の原子核（陽子 p）で，左下の数字は原子番号を，左上の数字は原子の質量数を示す．(4.4) 式は，陽子同士が衝突して重陽子（陽子と中性子が結合した原子核）が作られ陽電子 e^+ と電子ニュートリノが放出されることを示している．(4.5) 式は，陽子と重陽子が衝突し質量数 3 のヘリウムが作られガンマ線（光子）が放射されることを，そして (4.6) 式は質量数 3 のヘリウム原子核同士が衝突し，質量数 4 の通常のヘリウム原子核と 2 個の陽子が作られることを意味する（図 4・2）．これらをまとめると

$$4{}_1^1H = {}_2^4He + 2e^+ + 2\nu_e + 2\gamma \tag{4.7}$$

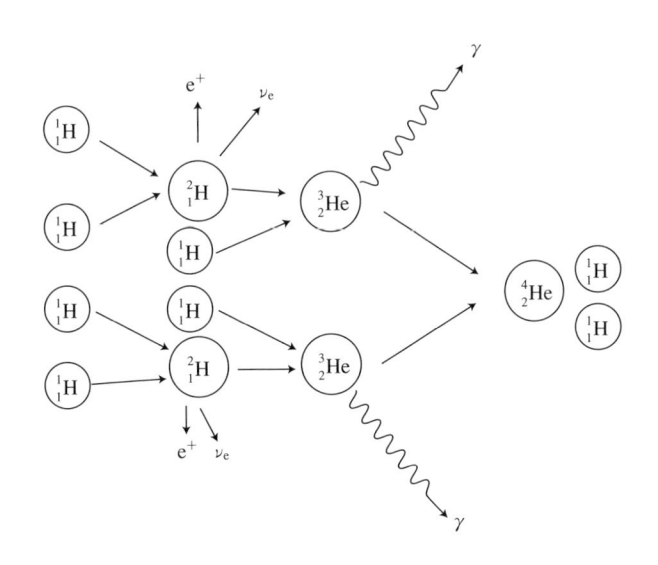

図 4・2　pp チェイン
一連の反応の結果，4 個の陽子（水素原子核）が 1 個のヘリウム原子核に変換され，ニュートリノ・陽電子・γ 線が放出される．

となり，4個の水素原子核が1個のヘリウム原子核に変化したことがわかる．右辺に現れる陽電子は，周囲に存在する電子と直ちに対消滅し，これもγ線を放出する．

一方CNOサイクルを反応式で書くと，

$$^{12}_{6}\text{C} + ^{1}_{1}\text{H} = ^{13}_{7}\text{N} + \gamma \tag{4.8}$$

$$^{13}_{7}\text{N} = ^{13}_{6}\text{C} + e^{+} + \nu_{e} \tag{4.9}$$

$$^{13}_{6}\text{C} + ^{1}_{1}\text{H} = ^{14}_{7}\text{N} + \gamma \tag{4.10}$$

$$^{14}_{7}\text{N} + ^{1}_{1}\text{H} = ^{15}_{8}\text{O} + \gamma \tag{4.11}$$

$$^{15}_{8}\text{O} = ^{15}_{7}\text{N} + e^{+} + \nu_{e} \tag{4.12}$$

$$^{15}_{7}\text{N} + ^{1}_{1}\text{H} = ^{12}_{6}\text{C} + ^{4}_{2}\text{He} + \gamma \tag{4.13}$$

となる．全部を通して見ると，この過程でも4個の水素原子核が1個のヘリウム原子核に変化していること，C・N・Oは反応の前後では変化せず触媒として働いていることがわかる（図4・3）．このベーテとヴァイツゼッカーによる水素の熱核融合過程の発見は，星がどうして輝くのかを明らかにした画期的な仕事といってよいだろう．

得られた2つの核融合過程は，実際にはどのように働いているのだろうか．計算によると，ppチェインは温度500万Kくらいから反応が進むが，2000万K程度からはエネルギー発生率は伸び悩み状態となる．一方，CNOサイクルは1500万Kくらいにならないと反応が進まないが，温度が上がれば上がるほどエネルギー発生率も増加する．このようなことから，星の中心温度が2000万K程度まではppチェインが，2000万Kを超えるとCNOサイクルが主なエネルギー源になることがわかってきた（図4・4）．したがって太陽の場合，エネルギー発生過程はppチェインが主だと考えられる．

次に水素4個がヘリウム1個に変わる反応から，どれくらいのエネルギーが出てくるかを調べてみよう．水素原子の質量は1.007825 u，ヘリウムは4.00260 uだから，いわゆる質量欠損は$1.007825 \times 4 - 4.00260 = 0.0287$ uとなる．ここでuは原子質量単位（1.66×10^{-27} kg）である．Δmの質量欠損によって発生しうるエネルギーΔEは，光速度をc（3.00×10^{8} m/sec）として

$$\Delta E = \Delta m c^2 \tag{4.14}$$

となるので，

4.2 太陽のエネルギー源

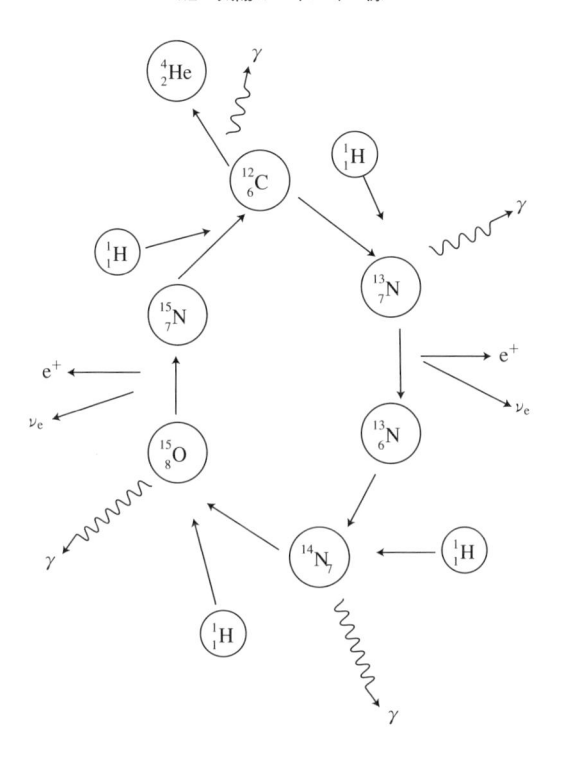

図 4・3 CNO サイクル
一周の反応の結果，4 個の陽子（水素原子核）が 1 個のヘリウム原子核に変換され，ニュートリノ・陽電子・γ 線が放出される．炭素・窒素・酸素はいわば触媒として働いている．

$$\Delta E = 1.66 \times 10^{-27} \times 0.0287 \times (3.00 \times 10^8)^2 = 4.29 \times 10^{-12} \text{ J} \tag{4.15}$$

が得られる．太陽のエネルギーをまかなうには，反応が 1 秒間に 10^{38} 回近く起こることが必要となる．

pp チェインも CNO サイクルも，太陽質量の 7 割を占める莫大な量の水素をエネルギー源とするわけであるが，実際太陽の放射エネルギー $E = 3.85 \times 10^{26}$ J/sec を考えると太陽が毎秒失う質量 ΔM は

$$\Delta M = E/c^2 = 4.27 \times 10^9 \text{ kg/s} \tag{4.16}$$

CHAPTER4 太陽の内部

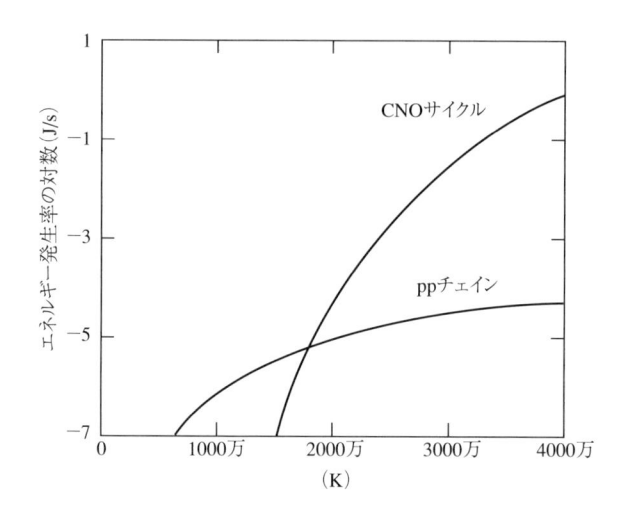

図 4・4 pp チェインと CNO サイクルの温度依存性
太陽の中心核の温度（約 1600 万 K）では CNO サイクルはエネルギー生成にはあまり効いていない．

となり，太陽は毎秒 400 万トン以上も軽くなっていることになる．質量欠損によって失われる質量は 0.723% なので，毎秒消費されている水素の量は $4.27 \times 10^9 \div 0.00723 = 5.91 \times 10^{11}$ kg，すなわち約 6 億トンとなる．一方，核融合反応が太陽に含まれる水素だけによっているとすると，水素の量は太陽質量（1.989×10^{30} kg）の 70% であったから 1.39×10^{30} kg，これを先の毎秒消費される量で割ったものが核融合の最大持続時間となり，約 750 億年という値が得られる．実際には太陽の寿命はこれほど長くはない．星の進化理論によると，太陽はずっと同じ核融合反応を同じ調子で続けるわけではなく，今後 50 億年程度で現在の 100 倍程度の大きさまで膨張し，やがて外側のガスを放出することで白色矮星＋惑星状星雲へと進化し一生を終えるとされている（12 章）．

ところで太陽の中心部では，超高温高圧高密度状態（現在わかっている値として 1580 万 K，2400 億気圧，密度は水の 156 倍）のもとで，かくも激しい反応が起こっている．この反応が暴走したりあるいは反応が止まったりしないのは，ガス圧でささえられている太陽では，たとえば，

核融合反応が過剰に進む　→　温度が上昇する　→　太陽が膨張する
　→　温度が低下する　→　核融合反応が抑制される

といったフィードバック効果が働くためである．この働きによって太陽は安定して輝くことができる．ちなみにこの効果はほとんど時間をおかずに働くため，太陽が目に見えて膨張収縮をするわけではない．

4.3　ニュートリノ問題

先の pp チェインや CNO サイクルの反応式を見ると，水素 4 個からヘリウム 1 個が作られる過程で，2 個の電子ニュートリノ（ν_e）が放出されることがわかる．つまり，毎秒 2×10^{38} 個ものニュートリノが太陽から放出されているはずである．ニュートリノは，もともと 1930 年にパウリによってベータ崩壊[1]に伴うエネルギー収支を説明するために予言された粒子で，電荷をもたず（おそらく）光速で運動する．ニュートリノは他の粒子と相互作用する確率が非常に小さいため，太陽中心部から放出されたニュートリノは，ほとんど邪魔されることなく太陽から宇宙空間へと出ていくことになる．つまり，太陽から地球に飛来するニュートリノを捕まえることができれば，太陽中心におけるエネルギー生成や太陽内部モデルの検証ができるのである．

ニュートリノはその成因によって 3 つの型に分けられている．逆ベータ崩壊によって生成する電子ニュートリノ，パイ中間子がミュー粒子に崩壊する際に出るミューニュートリノ，タウ粒子に伴うタウニュートリノである．またそれぞれに対して反ニュートリノが存在する．ニュートリノの存在は 1952 年に原子炉における実験によって確認された．

ニュートリノは，太陽でさえすりぬけてしまうため検出が極めて難しい．しかし，理論が正しければ地球には 1 cm^2 当たり毎秒 700 億個もやってくるのであるから，なんとか捕まるのではないかという野心的な試みが，1960 年代になってデイヴィスによって開始された．彼は宇宙線などの影響を避けるためにアメリカ・サウスダコタ州のホームステーク鉱山に注目し，その奥深く地下 1.5 km にテトラクロロエチレン（C_2Cl_4）400 m^3 を入れたタンク（直径 6 m・

---

[1] 原子核が電子（および反電子ニュートリノ）を 1 つ放出することで原子番号が 1 つ大きい原子核に変わる現象．

CHAPTER4 太陽の内部

長さ 15 m）を設置した．太陽からの電子ニュートリノは，極めて低い確率ながら $^{37}Cl + \nu_e \rightarrow {}^{37}Ar + e^-$ という反応によって液中の塩素をアルゴンへと変化させる．^{38}Ar は 35 日の半減期で元の ^{37}Cl に戻るが，時間が経過するにつれて作られる Ar の数と元に戻る Cl の数があるつりあいに達する．この状態で Ar を集めて数をかぞえることで，太陽からやってくる電子ニュートリノ数を推定することができるのである．計算からはこのタンク中で 1 日に 1～2 個の割合で，塩素がアルゴンに変化することが予想された．デイヴィスは根気よく実験を続け，最終的には理論から予想される個数の 3 分の 1 程度の電子ニュートリノが検出されたのである．

デイヴィスの実験によって，太陽からニュートリノがやってくることが示されたものの，太陽内部モデルから予想される値よりもずっと少ないことが問題となった．この原因として，太陽中心部で発生したエネルギーが太陽表面から放射されるまでには 100 万年近くかかる（§4.4）一方で，ニュートリノは生成すると瞬時に太陽から出てくるため，その時間差を反映しているのだと考えられたこともあった．つまり，太陽内部で現在一時的に核融合反応が弱まっているために，表面からのエネルギー放射量に見合うニュートリノが出ていないのだという説明である．このような説明の正否は別として，デイヴィスのニュートリノ実験は先駆的なものであった．しかし，追試を行う実験装置が長らく建設されなかったため，「太陽ニュートリノ問題」はそもそもその問題が存在するのか，もし存在するなら原因は何かということが 30 年来の謎として残されてきたのであった．

1983 年，岐阜県神岡町（現飛騨市）の神岡鉱山跡に設置された陽子崩壊実験装置・カミオカンデが，1986 年 12 月末から太陽ニュートリノを観測する装置として稼働を始めた．カミオカンデは，翌年 2 月 23 日に見られた大マゼラン雲での超新星爆発に伴うニュートリノの飛来を検出したことで有名となった．その一方で，太陽ニュートリノについても観測の結果，理論値の 2 分の 1 しか検出されないという結果を得て[2]（1989 年），デイヴィスの観測が間違いでなかったことが示され，「太陽ニュートリノ問題」は現実に存在することが

---

[2] カミオカンデではニュートリノ振動によってできたミューニュートリノがある確率で検出されるため，デイヴィスの結果よりも太陽ニュートリノ数が多くなる．

明らかとなった．

　1980年代後半には理論面でも進展があり，3種のニュートリノはそれぞれ異なる質量をもったニュートリノが重なり合った状態であり，その状態は時間とともに移り変わっていくという考えが出てきた．これはニュートリノ振動と呼ばれている．太陽ニュートリノ問題は，太陽から出てきた電子ニュートリノが，地球に到達するまでに別のニュートリノに変化してしまうためだと考えることができるのである．

　1998年にスーパーカミオカンデによって，地球大気上層で作られたミューニュートリノが検出器に入るまでにタウニュートリノに変化したことが検証され，ニュートリノ振動が実際に起こっていることが明らかとなった．2001年にはカナダのサドバリー＝ニュートリノ観測所（SNO）での観測により，太陽からのニュートリノの総数は理論値に一致するが，電子ニュートリノの数は理論値よりも少ないことが，スーパーカミオカンデのデータとも照合することで明らかにされた．さらにカミオカンデの跡に建設されたカムランド実験装置により，原子力発電所から発生するニュートリノにも振動が起こり，電子ニュートリノが減少することが確認された．これらの結果から太陽ニュートリノ問題は，ニュートリノ振動が原因であることに間違いないと考えられている．

4.4　エネルギー輸送

　太陽中心核では水素の核融合反応によって膨大なエネルギーが生成されていることがわかったが，そのエネルギーはどのようにして太陽表面まで運ばれているのだろうか．エネルギーを運ぶ方法としては，伝導・放射・対流[3]という3つの過程があるが，太陽のようなガス球内で，どれが最も有効に働いているかは太陽内部の物理状態で決まってくる．

　核融合反応によって，エネルギーは電磁波（光子[4]）という形で発生する．太陽内部のような高温・高密度の環境では光子がエネルギーを運ぶ放射という

---

[3] 伝導は粒子（主に電子），放射は光子，対流は原子・分子のマクロな運動によってエネルギーが運ばれる．
[4] 電磁波を粒子として扱う場合の呼び名．原子核レベルの反応過程などではこの概念がよく使われる．

形が優勢となる．太陽中心部から半径のおよそ70％までの領域が放射によってエネルギーが運ばれる放射層と呼ばれる部分になる（図4・5）．ただし光子といえど，太陽内部では一気に進むわけにはいかない．ちょっと進むとプラズマに衝突してしまい，吸収されたり再放射されたりを繰り返すことになる．つまり光子は行ったり来たり休んだり（3歩進んで2歩下がり1回休みみたいな）という状態なのだが，外側の方が低圧・低温であるため，全体としてはエネルギーは外層に向かって流れていく．その間に，光子のエネルギーは失われていき核融合反応で発生するγ線は，次第により波長の長いX線や紫外線へと移っていく．中心核で発生した光子が放射層を抜けきるまでには10万～100万年を要すると計算されている．

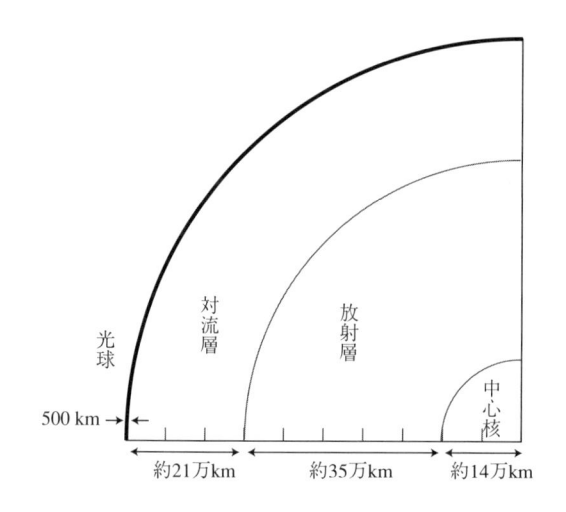

図4・5　太陽の内部構造
おおまかに中心から0.2太陽半径までが中心核，0.2～0.7太陽半径が放射層，0.7～1太陽半径が対流層である．

太陽半径の70％付近では温度は200万K程度まで下がってくる．このあたりになると，ガスは放射に対して不透明となるためエネルギーはガスに吸収される．そうするとその層の温度が上昇するため，ガスは浮上しようとする．高温になったガス塊が浮上すると温度が下がるが，その下がり具合が周囲のガス

4.4 エネルギー輸送

の下がり具合よりも大きいと，ガス塊は浮上を止め沈んでしまう．しかし，もしガス塊の温度の下がり方がゆるやかだと浮上が続くことになり，このときに対流が起こるのである（対流不安定）．ウンゼルト（1931年）によると，太陽半径の70%付近から外側では対流不安定となる条件が満たされていて，エネルギーはガスに乗ってさらに外側に運ばれていくのである．ここからが対流層と呼ばれている（図4・5）．

対流不安定が成り立っているとはいえ，ある程度浮上してガス塊の冷え具合が，周囲のガスの冷え具合にまさってしまうといずれ対流は止まってしまう．このままでは太陽表面までエネルギーを運ぶことができない．ところがウンゼルトは，対流を止めさせないようなしくみがうまい具合に働くことを見出した．対流によって浮上するガス塊を構成するのは主に水素であり，対流が始まる深いところでは，高温のため陽子と電子に分かれているプラズマ状態であるが，太陽表面近くになって温度が下がってくると陽子と電子が再結合して中性水素に戻る．このとき紫外線が放射されてそれがガス塊に吸収されるため，ガス塊の温度の下がり方がにぶるのである．つまり再結合によって対流不安定の状態が維持され，対流運動はさらに続くことになるのである．

このようにしていよいよ太陽表面近くまでエネルギーが運ばれてくる．対流層は太陽表面近くでは直径約1000 kmの浮上・沈下の構造を作る．この構造が光球では粒状斑として観測される（図4・6）．粒状斑の中の明るい部分は浮上してくる温度の高いガスで，周囲の暗いところが沈下する温度の低いガスである．光球では対流は起きていないが，光球の底部に突き上げている対流要素が粒状斑として見えていることになる．

対流によって運ばれてきたエネルギーは電磁波に変換されて放射されるが，この過程を担っているのがごく薄い光球である．光球は比較的低温なため，水素負イオンがごくわずかながら存在する（§3.5）．この水素負イオンは，対流によって運ばれてきた放射エネルギーをいったん吸収し，ほぼ5800 Kの黒体に相当する可視光および赤外線を主とした電磁波を再放射する．水素負イオンはとても効率よく吸収・再放射を行うため，光球は放射に対して非常に不透明となり，極めて薄い層として成り立つことになるのである．

そして，太陽中心核からまさに紆余曲折の末に光球まで到達したエネルギー

CHAPTER4 太陽の内部

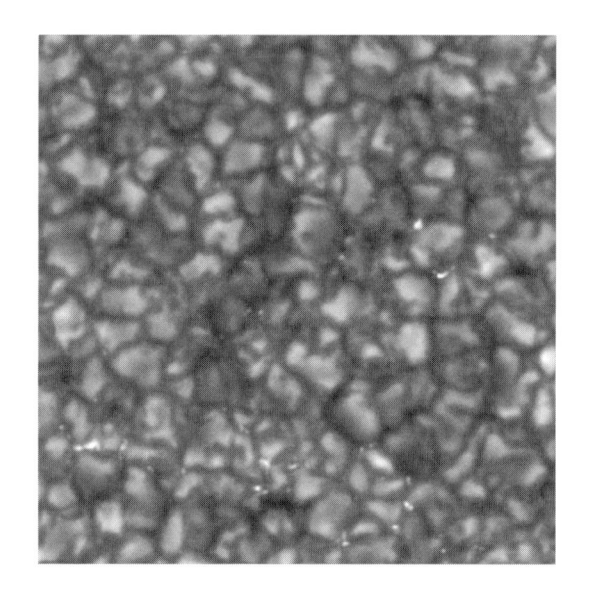

図4・6 粒状斑（2006年11月2日）
太陽観測衛星「ひので」の可視光・磁場望遠鏡による鮮明な写真.
（提供：国立天文台／JAXA）

は，電磁波として惑星間空間のあらゆる方向へと送り出される．そのうちのわずか22億分の1が1億5000万kmの距離を8分20秒かけてまっしぐらに旅して地球に届くことなる．

4.5 自転とダイナモ

　太陽表面に現れる黒点を続けて観察すると，黒点は東の縁から現れやがて西の縁に隠れていく．これは太陽が自転しているからである．黒点の移動の様子からは太陽の自転周期が地球から見て約27日であることがわかる．

　太陽の自転をより正確に測定するには分光観測（§5.2）を行う．太陽の縁近くに注目すると，太陽の表面は東の縁では私たちに近づく運動，西の縁では私たちから遠ざかる運動をしているため，運動によるドップラー効果（column2）を観測すればよいことになる．

　太陽の自転で興味深いのは，緯度によって周期が異なることだ．つまり赤道

4.5 自転とダイナモ

付近で最も短くて約27日，極に向かうほど約30日と長くなる．このような回転運動のことを差動回転と呼んでいる．その様子を図4・7に示した．緯度が高くなるほど1日当たりの回転角が小さくなることがわかるが，光球のガスと黒点では黒点のほうが速く自転している．黒点はおそらく太陽内部の磁場に起因しているため，内部の方が自転が速いとすればこの現象は説明できる．一方でコロナの自転の様子は緯度による変化をあまり示さない．どちらかというと剛体的な回転で，このことはコロナホール（§8.8）が長期にわたって見られることからも推測される．

太陽表面付近が差動回転していることから，太陽活動に関する重要な現象が起こる．太陽の磁場は，太陽内部で荷電粒子が大規模な運動をすることで発生すると考えられているが（ダイナモ理論），太陽内部で最初南北方向に存在した磁場（ポロイダル磁場）が，差動回転によって次第に引き伸ばされ，太陽に

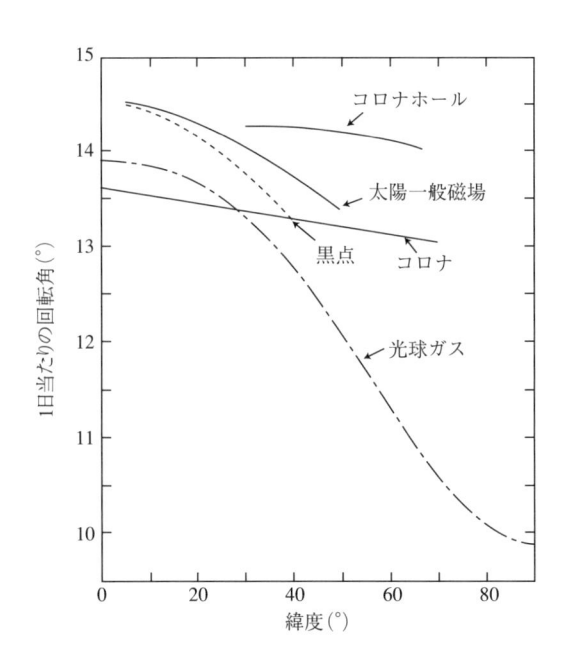

図4・7 緯度ごとの自転の様子
太陽面（光球ガス・黒点・太陽一般磁場）に比べて，コロナは緯度による変化が少ないことがわかる．

巻き付くような形となる（トロイダル磁場）．その結果，磁力線の密度は増え磁場が強くなる（図4・8）．ある程度以上磁場が強くなると，やがて磁場は浮力をもち表面に顔を出してくる．これが黒点をはじめとする活動領域を作ることになるのだが（§6.8），やがて一部はコロナ磁場となって太陽から流出し，また光球のランダムな運動によって拡散してしまうと考えられている．

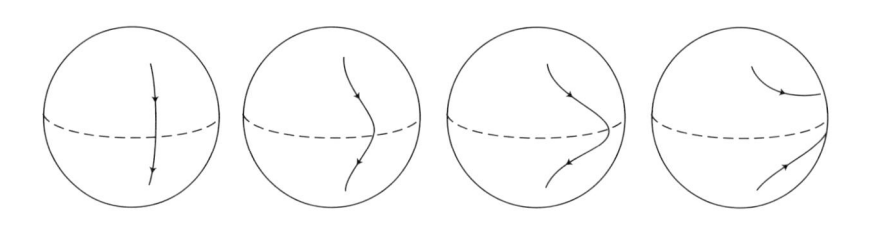

図4・8　ポロイダルからトロイダルへ
太陽磁場は，差動回転によって中緯度以下で磁場が引き伸ばされぐるぐる巻き状態になっていく．これは表面から0.3太陽半径くらいの深さで起こると考えられている．

このように，太陽内部の活動と自転運動とは密接に関わっていて，それだけに太陽の内部の自転の様子がどうなっているのか，対流運動がどのような深さまで存在するのかが注目されるのである．

4.6　大規模な速度場—超粒状斑

1960年にレイトンは，吸収線（§5.5）のドップラー効果による波長のずれを精密に測定し，太陽面での物質の速度分布を観測する装置を開発した．その原理は，ある吸収線の波長中心から両方に少し離れた波長の場所にスリットを置き，明るさの差を調べるというものである．今，運動がないとすると両方のスリット位置での明るさは等しいので，差はゼロとなる．もし遠ざかる向きの運動があると，ドップラー効果によって吸収線が波長の長い方にずれるため，長波長側のスリットには吸収線の暗い部分が，短波長側には明るい部分がやってくるため差が出るわけである（図4・9）．

こうして得られた太陽面の速度分布図（図4・10）で，太陽面の中心付近ではほとんど構造が見えず，周辺部で直径約3万kmの構造が現れた．つまり物質の水平方向の運動が存在することになる．構造ごとの速度をよく見ると，中

4.6 大規模な速度場―超粒状斑

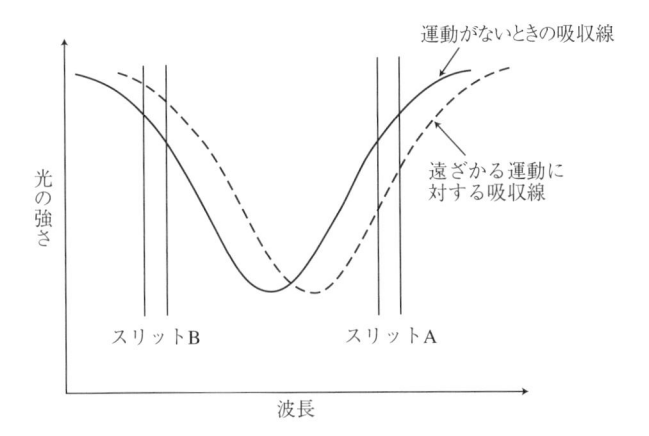

図4・9 速度場測定の原理
吸収線の波長のずれを,スリットA, Bに入ってくる光の強さの差として検出する.

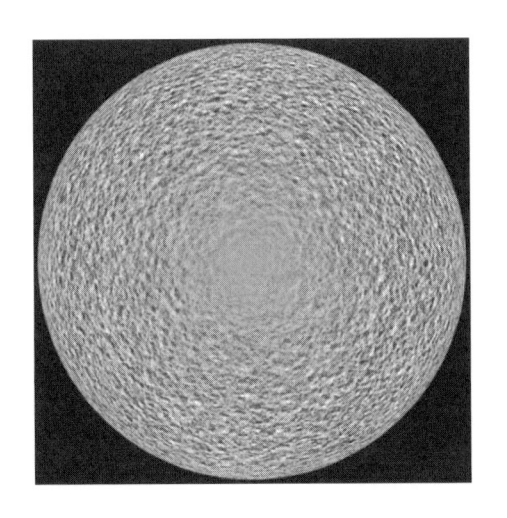

図4・10 太陽全面の速度分布図
遠ざかる運動をしている部分が明るく,近づく運動をしている部分が暗く表されている.
(提供:SOHO/MDI)

心部付近でガスが上昇し，水平運動ののち周囲に沈み込んでいることがわかる．運動そのものは粒状斑と似ているもののサイズは約30倍もあり，これを超粒状斑と呼んでいる．

超粒状斑の境界では，水平運動の結果磁場が掃き寄せられたネットワークブライトポイントと呼ばれる微細な磁場構造が存在すること，境界線に沿ってスピキュールと呼ばれる小規模なジェット噴出現象が観測されることもわかった．太陽面の運動状態を含めて大気構造を模式的に描くと図4・11のようになるだろう．

4.7　5分振動と内部構造

レイトンは前述の装置を用いて，太陽の速度場の時間的な変化も調べた．太陽面の運動が乱流的なら特定の周期が出ないはずだが，予想に反して太陽大気は全面が鉛直方向に約5分の周期で振動していたのである．当初，これは粒状斑の運動で発生する音波によるものと考えられたこともあったが，5分振動の場所によるでっぱりやへっこみの分布や寿命は，粒状斑の性質からは説明できないことがわかり，表面だけではなく太陽全体にその原因があることが明らかとなった．

太陽全体が振動しているということは，この振動の様子を詳しく解析することによって，見ることのできない太陽内部の構造を解明できる可能性があるこ

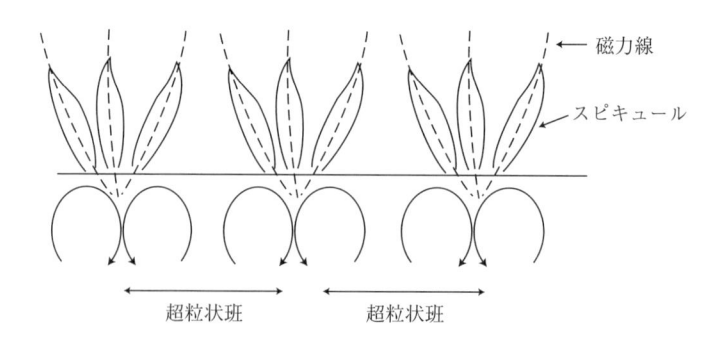

図4・11　太陽の大規模対流とスピキュール
超粒状斑の周辺には磁力線がいわば掃き集められている．

4.7　5分振動と内部構造

とを示唆する．スイカの熟れ具合を手のひらで皮をポンポンとたたくことで判断したり（これは科学的に意味があるかはよくわからないが，経験的には当たるらしい），地震の際の波動の伝わり方を解析することで地球内部の構造を明らかにするのと同じ原理である（図4・12）．このように太陽表面の振動現象を利用して太陽の内部構造を明らかにしようとする分野を日震学という．

1970年にウルリッヒは，太陽大気の振動によって生じる音波の波長と周期の間には，一定の関係があることを理論的に示した．それによると，太陽の内部構造によって決まる特定の波長・周期の音波と強く共鳴する成分が，太陽面に沿った方向の波長と周期を両軸にとったグラフ上で帯状の分布を示すことになる．1975年にドイブナーは数時間に及ぶ吸収線のドップラー効果の測定から振動の波長と周期を求めたところ，理論から予想された分布と一致した（図4・13）．これによって5分振動が太陽内部のさまざまな音波が重なり合った結果，生じるものであることが明らかとなった．

太陽内部の診断を行うには，たくさんの音波の共鳴の様子を調べないといけない．そのためには長時間の切れ間ない観測データが必要になるが，観測は太

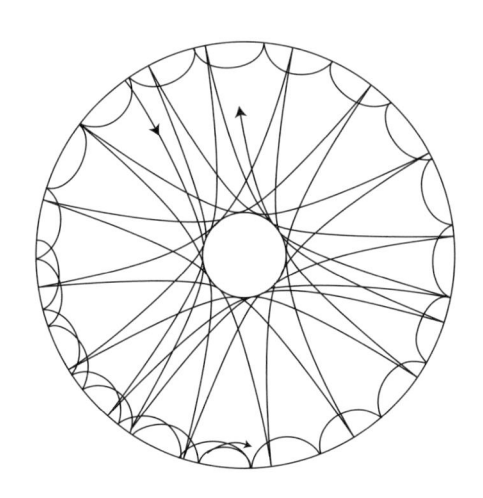

図4・12　太陽内部を伝わる音波の様子
太陽内部では音波は直進せず，その波長によって固有の径路をたどる．（Gough and Toomre: Annuual review of Astronomy and Astrophysics 1991 より）

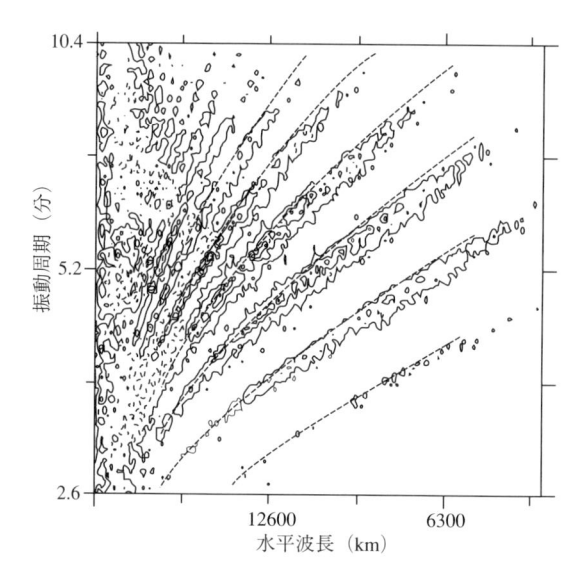

図4・13 太陽振動の水平波長と振動数の関係
等高線が観測結果，破線が理論から得られる関係．（Deubner, Ulrich and Rhodes Jr.: Astronomy and Astrophysics, 72, 177, (1979) より）

陽が出ている昼間しか行うことができないので，どうしても限界がある．そこで考えつかれたのが南極での観測であった．1980年代初めにグレックらは，5日間の連続観測を行い，そのデータから太陽の自転速度が深さ・緯度によってどのように変化するかを調べた．夜による欠測をなくすための同じような観測は地球上の3地点（ハワイ，ピレネー山脈，カナリー諸島）の天文台が協力して行うことでも実施され，5分振動には実は何千もの振動モードが重なっていることがわかってきたのである．

1990年代からはGONGという計画が始まり，世界6ヵ所の観測所（インド・ウダイプル，スペイン・テイデ山，チリ・セロトロロ，アメリカ・ビッグベアとマウナロア，オーストラリア・リアーマンス）で日々データが蓄積されている．

4.8 宇宙での内部診断

　1995年に運用が開始された太陽観測ステーションSOHOは，太陽―地球間の地球から約150万km離れたラグランジュ点[5]にあって，文字通り四六時中太陽を観測している．SOHOには太陽表面の運動の様子を精密に測定できる装置が搭載されていて，地上での観測では不可能な高精度の速度情報を切れ間なく得ることができる．

　得られたデータから，太陽内部での音速分布を調べたのが図4・14である．横軸は太陽半径を単位に太陽中心からの距離を表したもの，縦軸は観測とモデル計算の相対差だ．注目すべきなのは0.7太陽半径の少し下あたりに，こぶができていることである．ここが放射層と対流層の境界で，温度の深さ方向変化の程度が異なるため，音速の変化も大きくなるわけだ．この境界線はタコクラインと呼ばれている．

　また，太陽内部の自転の様子も調べられている．図4・15は緯度30°ごとの深さと自転速度をグラフにしているが，これを見ると放射層では緯度による自転速度の差はなく，いわゆる剛体回転をしていることがわかる．放射層と対流層の境界あたりから緯度による自転速度の差が急に拡大し，それぞれの緯度で

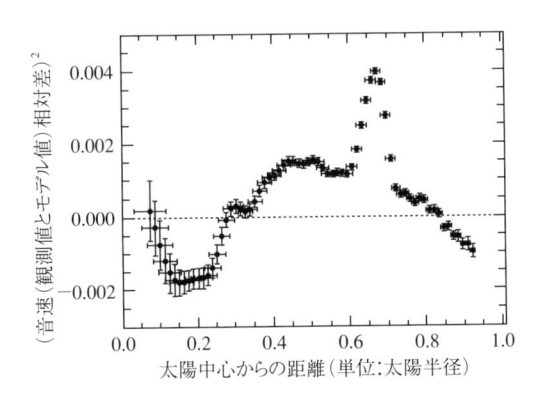

図4・14　太陽内部の音速分布（モデルと観測の差）
中心距離0.7付近の突出に注目（提供：SOHO/MDI）

---

[5] 2つの天体を考え，その共通重心を中心とし公転と同じ速さで回転する系でみたとき，重力と遠心力がつりあっている場所．5点ある．

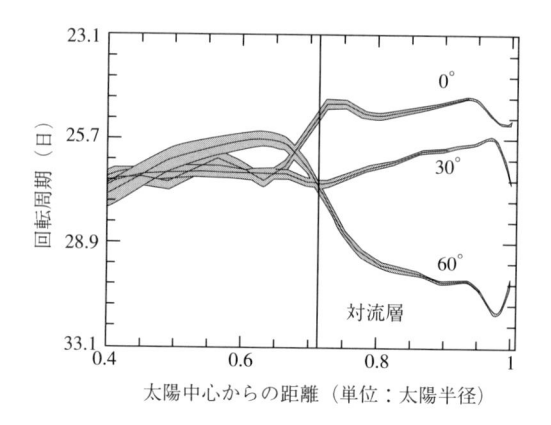

図4・15　緯度30°ごとの深さと自転速度の関係
対流層付近から緯度による差が現れることがわかる．(提供：SOHO/MDI)

は深さ変化はあまり見られないままに，表面までそれが続く様子がわかった．

　このような太陽内部の構造や運動は，太陽の磁場の形成や長期的な活動と密接に結びついているので，今後さらに詳しい観測と解析を期待したいところである．2006年に打ち上げられた太陽観測衛星「ひので」では，振動の様子を局所的に観測し，内部での温度構造やガスの流れを調べるという手法が試みられつつある．

● COLUMN2 ●

ドップラー効果

　1842年にドップラーは，音源と観測者が相対的に運動していると，観測される音の振動数が変化するという現象を定式化した．ドップラー効果と呼ばれるこの現象は，最も身近な物理現象の1つといえる．近づいてくる電車の警笛は音が高く聞こえ遠ざかるときには低く聞こえることや，電車に乗って踏切を通過するときに遮断機の音が変化することは日常よく経験するであろう．

　光の場合は，音波と違って媒質がなく，運動も相対的に考える必要があるので，音波に関するドップラーの式とは違って，もとの振動数 ν_0・観測される振動数 ν・遠ざかる速度 v・光速度 c として $\beta = v/c$ とおくと

$$\nu = \nu_0 \sqrt{\frac{1-\beta}{1+\beta}} \tag{1}$$

と表すことができる．これを波長の式に直すと

$$\lambda = \lambda_0 \sqrt{\frac{1+\beta}{1-\beta}} \tag{2}$$

となる．ある吸収線（§5.5）について考えると，遠ざかる場合は本来の波長より波長が長く，すなわち赤い方にずれ，近づくときは青い方にずれることになる．

　さて，太陽大気中で吸収線を形成している大気物質がなんらかの運動をしたとして，ドップラー効果によって吸収線の波長が λ_0 から $\Delta\lambda$ だけずれたとすると，(2)式を使って速度 v は c に比べて十分小さいと考え

$$\frac{\lambda - \lambda_0}{\lambda_0} = \frac{\Delta\lambda}{\lambda_0} \fallingdotseq \frac{v}{c}$$

の関係から速度 v を求めることができる．

　また，線の幅は関与している原子（分子）の個々のランダムな運動（熱運動など）のドップラー効果を集めたものを反映しているので，その平均的な速度を $\langle v \rangle$ とすると，

$$\Delta\lambda_D = \lambda \cdot \langle v \rangle / c$$

の幅をもつことになる．これをドップラー幅と呼ぶ．
　このように，吸収線のドップラー効果を測定することによって，太陽大気の運動の様子や太陽面現象に伴う物質の移動の様子，さらに温度などの情報を得ることができるのである．

CHAPTER 5

太陽の表面

5.1 太陽スペクトル

　太陽の光をプリズムに通すと，虹の七色がついた太陽像（スペクトル[1]）ができることは古くから知られていたようであるが，この現象を実験を通して説明したのがニュートンである．彼は小さな穴から暗室に導いた太陽光にプリズムを当ていろいろな実験を行った．そして，白く見える太陽光は実際には多くの色の光の合成であって，プリズムを通過する際に色により進路の曲げられ方が異なるため，最も屈折されにくい赤い光から最も屈折されやすい紫の光が順番に並ぶのだと説明した．このように光をスペクトルにして性質を調べることを分光という．

　ニュートン以後，スペクトル研究はしばらく途絶えていたが，19世紀に入ってウォラストンが細いすきま（スリット）を通した太陽光をプリズムに導き，できたスペクトルを綿密に観察した．そして1802年に，スペクトル中に光が赤から紫へと広がる方向と直角に，暗線が存在することを発見したのである．これは現在から見ると吸収線の発見という極めて重要な意味をもつのであるが，ウォラストンは単に色と色の変わり目と考えたらしく，残念ながらそれ以上の追求は行わなかった．

5.2 フラウンホーファー線

　太陽スペクトルの本質を見抜いたのはフラウンホーファーである．1814年に彼はスペクトルの観測法を改良し，現在使われている分光器に近い装置を考案した．それはスリットを通った太陽光を，入射角と出射角がほぼ等しくなる

---

[1] 情報や信号をそれに含まれるある成分の順に並べたもの．プリズムを通った太陽光は光の強さをその波長（もしくは振動数）によって並べたものとなり，人の目には虹として見える．

CHAPTER5　太陽の表面

ように置いたプリズムに入れ，スペクトル像を目盛環のついた回転台に乗せた望遠鏡で観測するものであった．この装置による観測で，彼は574本の暗線を認めることができたが，暗線の中には太さの異なるものや，濃さの異なるものが存在していた．彼は特に目立つ9本の暗線に対して赤い方からABCDEFGHKと名前をつけ（表5・1），さらに約350本の暗線について，目盛環で読みとられた値を示した図を作成した（図5・1）．彼は望遠鏡を使っていくつかの明るい星のスペクトルも観測し，暗線の並び方が星によって異なることも見つけている．

またフラウンホーファーは，光がスリットを通る際に生じる回折と呼ばれる現象を詳しく研究し，多数のスリットを一定間隔で並べることによって，特定の色（波長）の光が決まった方向に進むことを見出した．彼は細い針金を等間

表5・1　フラウンホーファーが見つけた顕著な暗線

名前	波長（nm）	原因
A	759.37	地球大気（酸素分子）
B	687.00	同　上
C	656.28	水素（Hα）
D	589.59, 589.00	ナトリウム（D1, D2）
E	526.96	鉄
F	486.13	水素（Hβ）
G	430.79	鉄，炭化水素（Gバンド）
H	396.85	カルシウム
K	393.37	カルシウム

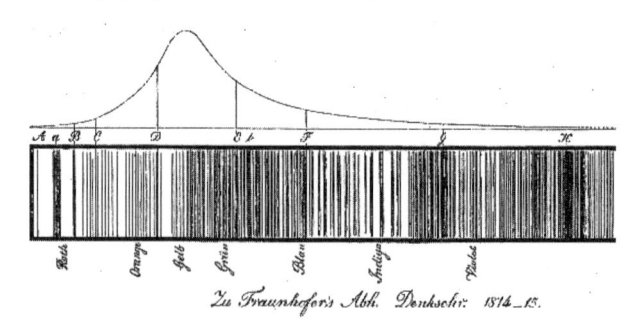

図5・1　フラウンホーファーによるスペクトルスケッチ
目立つ暗線にアルファベットが付されている．（Denkschriften der Koniglichen Akademie der Wissenschaften zu München 1814-15 より）

隔に張る方法を考案しおよそ 0.1 mm 刻みのスリットの集まり（格子）を作り，格子を通して 1 本の入射スリットからの太陽光を見ると，プリズムで見られたのと同様なスペクトルを観測することができた．このように格子による回折を利用して分光を行う装置を回折格子と呼んでいる．プリズムで得られるスペクトルと違うのは，回折格子では一度にたくさんのスペクトルが見えることである．つまり入射スリットに正対する位置には分光されない像が見え，そこから離れる（次数が高くなる）ほど，色の広がり（分散）の大きい（ただし明るさは減る）スペクトルが見られるのである．彼は異なった次数のスペクトルで同じ暗線がどこに観測されるかを詳しく調べ，光の回折格子による振れ角 θ，次数 n，波長 λ，格子の間隔 d の間に

$$\sin\theta = n\lambda/d \tag{5.1}$$

の関係が成り立つことを発見した．この式は θ を測定することで波長が求まることを示し，格子間隔 d を小さくすれば振れ角の大きいスペクトルが得られることを示している．フラウンホーファーは最終的にはガラス板に金属メッキしたものに等間隔に溝を刻む装置を工夫し，1 cm に 360 本のスリットをもつ回折格子を製作した．天体の分光観測には回折格子が使われる場合が多い．

　天体は，太陽はもちろんのこと手が届かない遠くにあるため，その場所まで行って測定・実験を行なうことはできない．しかしスペクトルを観測することによって，その天体の性質を地球にいながらにして探る（リモートセンシングする）ことができるという可能性をフラウンホーファーが見出したわけで，天文学が天体物理学（天体の本質を物理学の手法により解明する学問）へと踏み出していく重要な橋頭堡（きょうとうほ）が築かれたことになる．この功績をたたえて，天体スペクトルに見られる暗線は現在フラウンホーファー線と呼ばれている．

5.3　キルヒホッフの法則

　1849 年にフーコーは，高温のナトリウム蒸気がフラウンホーファーの D 線（黄色）と一致するところに輝線[2]を出すことを見出し，これがアーク灯の光

---

[2] 分光したとき，特定の波長にのみ光が見られるもの．本来よりエネルギーが高められた原子などから出る．

（連続スペクトル[3]）を背景にした場合には，暗線となって見えることを確かめていた．しかし，同じ高温蒸気が背景のあるなしによって輝線や暗線として観察されることを説明することはできなかった．

1859年にキルヒホッフとブンゼンは，共同研究からフラウンホーファー線が物理的にどういう意味をもっているのかを明らかにし，天文学と物理学を結びつけた重要な法則を見出した．

彼らは，熱くしたナトリウム蒸気を分光器のスリット直前に置いて太陽のスペクトルを観測すると，フラウンホーファーのD線がいっそう暗く見えることを発見した．つまりナトリウム蒸気が太陽からやってくるD線の光をさらに弱めたわけで，このことは太陽からのD線も太陽大気のどこかでナトリウム蒸気によって吸収されてできることを示している．

同じ状態で，太陽光を入れないでナトリウム蒸気のスペクトルを観測すると，D線と同じ場所に明るく光る線（輝線）を見ることができ，ナトリウム蒸気がD線の光だけを放射することがわかる．つづいて白熱した白金線の光を背景にして同じように観測すると，連続した色の帯（連続スペクトル）のD線の位置には暗線が現れた．

以上の実験結果をキルヒホッフは次のようにまとめた．
①白熱状態の固体または液体は連続スペクトルを放射する．
②高温・希薄な気体は，その物質および物理状態に特有の輝線を放射する．
③連続スペクトルを背景にすると，気体の輝線と同じ波長にそれが反転した暗線が生じる．

特に③はキルヒホッフの法則[4]と呼ばれている．この法則により，フラウンホーファー線の意味は完全に説明される．すなわち，太陽には連続スペクトルを放射する層があり，その上空に気体として存在する物質によって連続光の一部が吸収されフラウンホーファー線が作られているということである．これから

---

[3] 分光したとき，連続的な光の帯として見られるもの．黒体放射をしている物体のようにある範囲のすべての波長の光を放射している場合に見られる．
[4] キルヒホッフの法則といえば電気回路についてのものが有名だが，天文学ではここで紹介した放射に関する法則をさす．さらに彼は化学変化の反応熱に関する法則も見つけている．キルヒホッフは後世に名前が残る法則を3つも発見しているわけだ．

はフラウンホーファー線のことを吸収線と呼ぶ．

　この発見によって，地球上の実験室で原子や分子が出す輝線・暗線を調べ，太陽の吸収線と比較することで，太陽の大気に存在する物質の組成を決めることができるとわかった．そればかりではなく，スペクトルさえ観測できればもっと遠方の恒星や星雲に存在する物質さえ明らかにできることを示唆しており，極めて重要な発見といえるだろう．

　キルヒホッフは吸収線と実験室で得られるさまざまな物質の線を比較することで，太陽大気には水素や鉄，ナトリウムやカルシウムが存在することを明らかにした．これらは地球上にも普通に存在する元素であり，ひいては宇宙はすべて共通の元素から構成されていることも暗示するものであった（表5・2）．

　また，キルヒホッフの実験からわかったのは，太陽大気が金属さえ気化しているような高温であること，さらに太陽本体も連続スペクトルを出すほど高温であることだ．キルヒホッフは，太陽の本体は白熱状態の液体または固体であって，ナトリウムのような物質を含んだ熱い大気にとり囲まれていると考えた．

　のちに高温高圧の気体からも連続スペクトルが放射されることが確かめられ，また物質はある程度以上の温度ではすべて気体となることも判明したため，太陽は全体が気体の球であることが間違いなくなった．

5.4　太陽の元素・ヘリウムの発見

　1868年8月，インドから東南アジアにかけて見られた皆既日食の際，ジャンセンはプロミネンス[5]のスペクトルを観測し，黄色の輝線を発見した．同じ頃，ロッキャーが分光器を使って日食外でもプロミネンスのスペクトルが観測できることを示し，同じ黄色の輝線を見出している．ロッキャーはその輝線の波長を測定し，ナトリウムのD線（D_1とD_2の2本ある）とは異なることを明らかにし，D_3線と名づけた．

　D_3線は，その頃実験室で調べられていたどの元素のスペクトルとも一致せず，太陽のみに存在する元素と考えられ太陽のギリシャ語名にちなんで「ヘリ

---

[5]　月に隠された太陽の縁から炎のように赤く突き出たように見える構造（§7.7）．

表 5・2 　太陽の元素組成

原子番号 30 まで．水素原子の数 N を 1 兆個 = 10^{12} 個（$\log N = 12.0$）としたときの，他の元素の原子数．

原子記号	元素名	元素記号	存在数（logN）	順位（logN > 4.0）
1	水素	H	12.00	1
2	ヘリウム	He	10.99	2
3	リチウム	Li	1.16	
4	ベリリウム	Be	1.15	
5	ホウ素	B	2.6	
6	炭素	C	8.56	4
7	窒素	N	8.05	6
8	酸素	O	8.93	3
9	フッ素	F	4.56	24
10	ネオン	Ne	8.09	5
11	ナトリウム	N	6.33	14
12	マグネシウム	Mg	7.58	7
13	アルミニウム	Al	6.47	12
14	ケイ素	Si	7.55	8
15	リン	P	5.45	18
16	イオウ	S	7.21	10
17	塩素	Cl	5.5	17
18	アルゴン	Ar	6.56	11
19	カリウム	K	5.12	20
20	カルシウム	Ca	6.36	13
21	スカンジウム	Sc	3.10	
22	チタン	Ti	4.99	21
23	バナジウム	V	4.00	26
24	クロム	Cr	5.67	16
25	マンガン	Mn	5.39	19
26	鉄	Fe	7.54	9
27	コバルト	Co	4.92	22
28	ニッケル	Ni	6.25	15
29	銅	Cu	4.21	25
30	亜鉛	Zn	4.60	23

ウム」と命名された．のちの 1895 年に，ヘリウムは地球上でも存在が確認されたが，この発見は天体分光学の初期の重要な成果といえるだろう．

5.5 　吸収線の形成

キルヒホッフの法則によって吸収線が形成される原理はわかったが，具体的

5.5 吸収線の形成

にはどういった過程が働いているのだろうか.

　太陽大気中で，あるエネルギーをもった原子が，光球から出てきた波長 λ の光を吸収してエネルギーの高い状態に移った（励起された）とし，その原子がそのまま元のエネルギー状態に戻れば波長 λ の光が放射される．ところが，原子が放射する光の方向はランダムなので，確率的には吸収・再放射される波長 λ の光の半分は逆戻りすることになり，結果的に波長 λ は連続光に対して暗くなってしまうことになる．この現象を散乱と呼んでいる（図 5・2）.

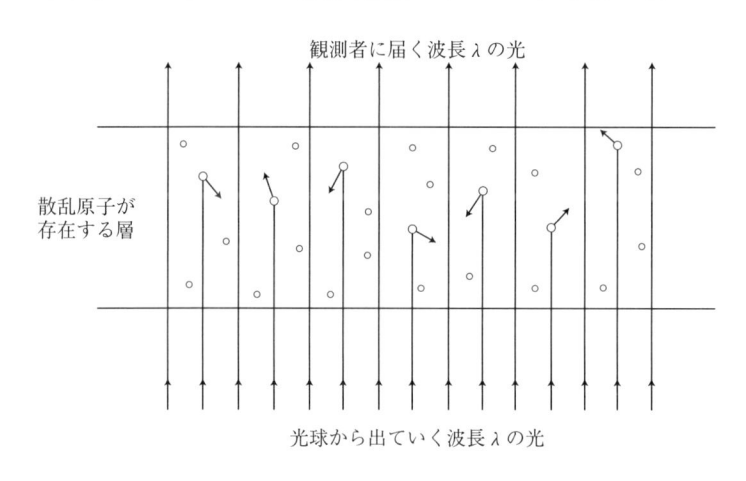

図 5・2　散乱による吸収
散乱によって特定の波長の光が吸収される．散乱原子が存在する層が厚いほど，出ていく光の量は減っていく．（守山史生著『太陽 その謎と神秘』誠文堂新光社（1980 年）より）

　励起された原子が元の状態ではなく，原子が属している系の物理状態（温度や密度）で決まるような別のエネルギー状態に移ったとすると，波長 λ の光の行方はなくなってしまい結果としてこれも波長 λ に吸収を生じることになる．

　つまり吸収がどの程度起こるのかは，原子そのものの状態（基底状態か励起状態），および原子を取り巻く物理状態によって決まることがわかる．

　実際の太陽大気中に原子は集団として存在するために，これらの吸収・放射の過程は統計的に扱う必要がある．1920 年代にミルンとエディントンによって吸収線形成の理論が作り上げられた．温度や電離の状態によってどのような形の吸収線が現れるかを理論的に計算し，それを実際の吸収線と比較すること

で，太陽大気の物理状態および吸収線の形成に関与している原子やイオンの数を導くことができるようになったのである．なお，原子とイオンがある条件下でどのような比率で存在するかを決める式を導いたのはサハ（1920 年）である．

スペクトルの光の強さを波長方向にたどっていくと，図 5・3 のような曲線が得られる．これを吸収線のプロファイルという．吸収線はそれぞれがある幅と，連続光に対して異なる深さをもっている．吸収線の中心部をコア，そこから両方の波長側に伸びる部分をウィングと呼んでいる．

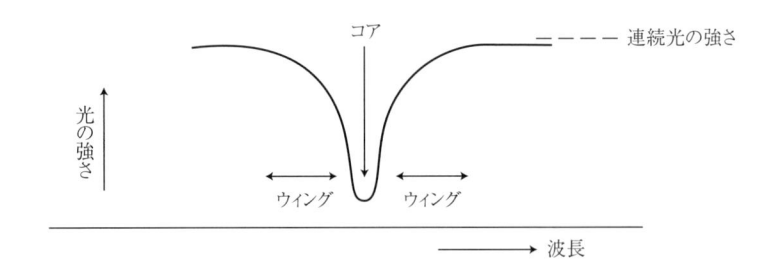

図 5・3 吸収線プロファイル概念図

吸収線のコアは多数の原子が関与して形成されるため，結果的には見通しが悪く大気の比較的上の部分が寄与している．一方でウィングでは吸収が少なく見通しがよく，光球に近いところまでが寄与していることになる．

吸収線の強さ[6]は，原子（分子）の量だけで決まっているわけではない．大気の温度や圧力（あるいは表面重力）によって，原子の電離状態や励起状態が変化するため，たとえば中性の水素 HI は，温度 10000 K に相当する星（A0 型星）で最もよく現れるということが起こる（図 5・4）．太陽（5800 K）の場合は電離カルシウム CaII が最も顕著で，中性水素は A 型星よりは出方が弱いこともわかる．

---

[6] 連続光から深さ方向に測った吸収線の面積と考えてよい．

5.6 水素原子のスペクトル

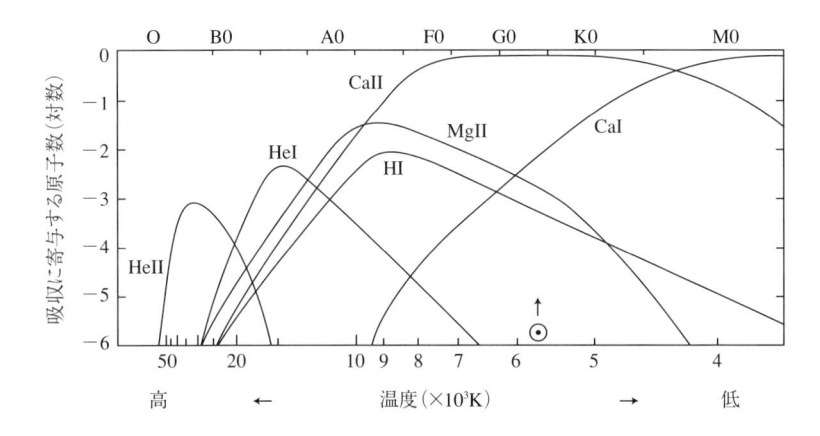

図 5・4 温度に対する，吸収に寄与できる状態の原子の数（対数）太陽の表面温度は⊙で示されている．上の横軸には温度に対応するスペクトル型が記されている．（A. ウンゼルト著　小平桂一訳『現代天文学第二版』岩波書店（1978 年）より）

5.6 水素原子のスペクトル

太陽に最も多く存在する水素原子のスペクトルを調べよう．

水素は Hα（656.3 nm）・Hβ（486.1 nm）・Hγ（434.0 nm）・Hδ（410.2 nm）といったとびとびの波長をもつ線スペクトルを示すが，これに規則性を見出したのがバルマーである（1885 年）．それは式

$$\lambda = 364.6 \times \frac{n^2}{n^2-4} \tag{5.2}$$

に $n = 3, 4, 5, 6$ を代入すれば，それぞれ H$\alpha \sim \delta$ の波長が得られるというものであった．

1890 年にはリュードベリが，光速度 c，振動数 ν としてバルマーの式を一般的な形で表せることを示した．その式は

$$\frac{1}{\lambda} = \frac{\nu}{c} = R\left(\frac{1}{m^2} - \frac{1}{n^2}\right) \tag{5.3}$$

で，R は実験的に求められた定数（リュードベリ定数）で $10973732 \mathrm{m}^{-1}$ という値をとる．ここで，$m = 2$ として $n = 3, 4, 5, 6, \cdots$ とすれば H$\alpha \sim \delta \cdots$ といった，可視光域に見られる水素の線スペクトルの振動数や波長が求まる．$m = 2$

に対する一連の水素のスペクトルはバルマー系列と名づけられた．この後，$m = 1$, $n = 2, 3, 4, 5, \cdots$ に対応するスペクトル系列が紫外領域に見つかり（1906年），発見者の名前からライマン系列と呼ばれ，また $m = 3$, $n = 4, 5, 6, 7, \cdots$ に対応するものは赤外領域に発見され（1908年），パッシェン系列と呼ばれる．

このように，線スペクトルの振動数が比較的単純な式で，しかも整数の組み合わせによって決まっているということは，原子の構造を暗示しているわけであるが，原子の構造を実験から推定したのがラザフォードであった（1911年）．ラザフォードは，放射性物質から出てくる α 線を金属の箔に当て，α 線がどのように散乱されるかを調べた．その結果からラザフォードは，原子は中心にそのほとんどの質量を占める原子核があり，そのまわりを軽い電子が回っているというモデルを考えた．原子核には原子番号と同じ数のプラスの電荷があり，同じ数の電子が周回するものとされた．たとえば水素原子は最も単純な原子で，陽子1個からなる原子核のまわりに電子1個が存在している．

1913年にボーアは，ラザフォードのモデルを元に，

①原子内の電子はある特定のエネルギーしかもつことができないこと（定常状態）

②線スペクトルは電子が1つの定常状態から別の定常状態に移る（遷移）ときに生じ，その振動数は2つの状態のエネルギー差をプランク定数（h）で割った値となる

という条件を仮定することによって，水素原子のスペクトルを理論的に説明することに成功した．ボーアの理論によると，水素原子の電子がもつことのできるエネルギーは n を自然数として

$$E_n = -\frac{me^4}{8\,\varepsilon_0^2 h^2} \cdot \frac{1}{n^2} \qquad (5.4)$$

といったとびとびの値しか取ることができない．ここで m は電子の質量（9.109×10^{-31} kg），e は電子の電荷（1.602×10^{-19} C），ε_0 は真空中の誘電率（8.854×10^{-12} F/m），そして h はプランク定数（6.626×10^{-34} J·s）である．

$n = 1$ は最もエネルギーの低い安定した状態で，基底状態と呼ばれ，電子は原子核に最も近い軌道をめぐっている．$n \geq 2$ の場合は励起状態と呼ばれ，電

5.6 水素原子のスペクトル

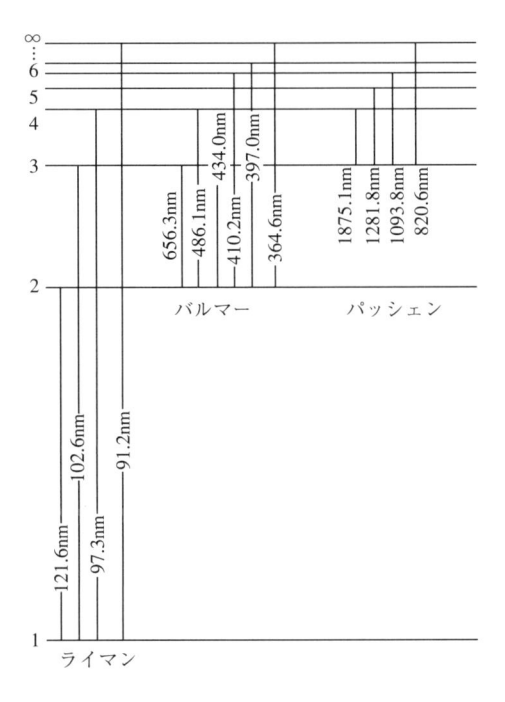

図 5・5 水素のエネルギー準位
左の数字が n で，無限大は電離していることを表す．

子はより外側の軌道に入っている．水素原子の状態（エネルギー準位）は図 5・5 のように示すことができる．

そして，n' から n への遷移によって出てくる線スペクトルの振動数は，

$$\nu = \frac{me^4}{8\varepsilon_0^2 h^3}\left(\frac{1}{n^2} - \frac{1}{n'^2}\right) \tag{5.5}$$

となり，$me^4/8\varepsilon_0^2 h^3$ を光速度 c で割った値は先のリュードベリ定数と一致している．$n = 1, 2, 3$ に対する水素原子のスペクトルは図 5・6 のようになる．ライマン系列を L・バルマー系列を H・パッシェン系列を P で表し，準位 $n+1$ から n への遷移には α を，以下 $n+2 \to n$ には β というふうに符号をつける．$\alpha\ \beta$ の順は波長の長い方から短い方への順番となる．

電離していない中性の水素は，電子がさまざまなエネルギー準位に存在しう

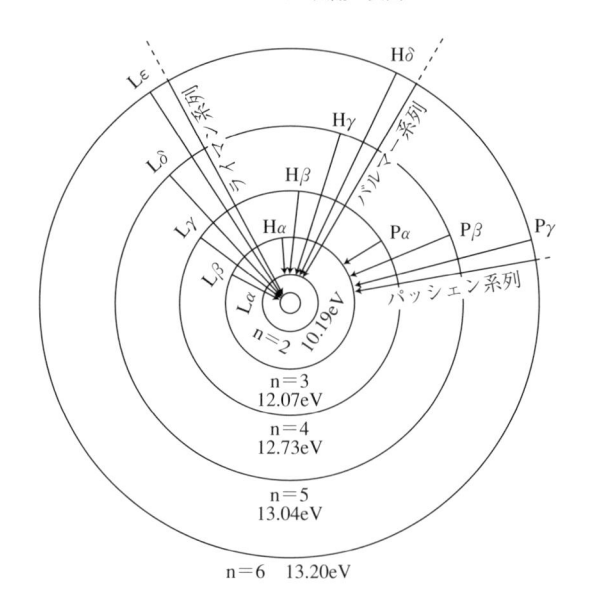

図 5・6 水素原子のスタジアム的イメージ
電子は同心円状に描かれた特定のエネルギー準位の間を行き来する．見やすくするため，同心円の半径はエネルギー差を示してはいない．eV（電子ボルト）はエネルギーの単位で，$1\text{eV} = 1.602 \times 10^{-19}\text{J}$

る．その様子は，すりばち状で段々の観覧席をもつスタジアムに例えることができる．原子核をグラウンドとして，電子はある段の席に座る観客のようなものだ（ただし水素の場合は1人きり）．電子はエネルギーをもらうと上段の席に行くことができ（もらうエネルギーが大きければ場外へも…これが電離である），そのあとは次第にエネルギーを光として出しながら下段の席へと移っていく．どのように席を移っていくかは，水素原子の置かれた物理状態によって確率的に決まることになる．

5.7 エネルギーと放射の関係

物体を加熱していくと，その物体からはまわりに光が放射され，見た目が赤っぽい状態からやがて白熱状態になることは，19世紀中頃から知られていた．温度と黒体放射エネルギーの量的な関係については，1879年にステファンが

5.7 エネルギーと放射の関係

初めて実験的に求めた．すべての波長を含む放射エネルギー（S）は，絶対温度（T）の4乗に比例する（$S = \sigma T^4$）というこの関係は，5年後にボルツマンによって理論的証明がなされステファン=ボルツマンの法則と呼ばれている．これによって太陽放射から太陽の温度が求まることは先（§3.2）に述べた．

一方，黒体放射の波長によるエネルギー分布（放射スペクトル）については，レイリーとジーンズおよびウィーンによって調べられていたが，レイリーとジーンズの結果（式5.7）では波長の短いところで，ウィーンの結果（式5.8）では波長の長いところで放射スペクトルの形をうまく表すことができなかった．

温度と放射の関係式は，放射スペクトルの形を再現すると同時に，すべての波長で積分したときにステファン=ボルツマンの法則を満足する必要がある．1900年にプランクは，「光は波長によって決まるエネルギー（hc/λ）をもった粒子であり，光の放射・吸収はこの粒子単位で行われる」という仮説を立て，これに基づいて放射スペクトルを表現することのできる関数を求めることに成功した．その結果が

$$B_\lambda(T) = \frac{2hc^2}{\lambda^5} \cdot \frac{1}{\exp(hc/\lambda kT) - 1} \tag{5.6}$$

である．ここで，c は光速度（2.998×10^8 m/s）・k はボルツマン定数（1.381×10^{-23} J/K）・h はプランク定数（6.626×10^{-34} J・s）である．$B_\lambda(T)$ をプランク関数と呼んでいる（図5・7）．

ちなみに高温または長波長の場合（$hc/\lambda kT \ll 1$）には

$$B_\lambda(T) = 2ckT/\lambda^4 \tag{5.7}$$

となり，これは古典的な波動理論によるレイリー=ジーンズの法則である．逆に低温または短波長の場合（$hc/\lambda kT \gg 1$）には

$$B_\lambda(T) = 2h \cdot \exp(-hc/\lambda kT)/\lambda^3 \tag{5.8}$$

となり，熱力学から導かれるウィーンの法則となる．これを波長で微分すると，極大値をとる条件は $\lambda_{max}T = $ 一定となり，これはウィーンの変位則と呼ばれ温度が高くなると放射が最大となる波長は短くなることを表す（図5・7）．

このプランク関数によって，太陽大気の温度構造を光の強さという地球での観測量から導くことができる素地が築かれることになったのである．

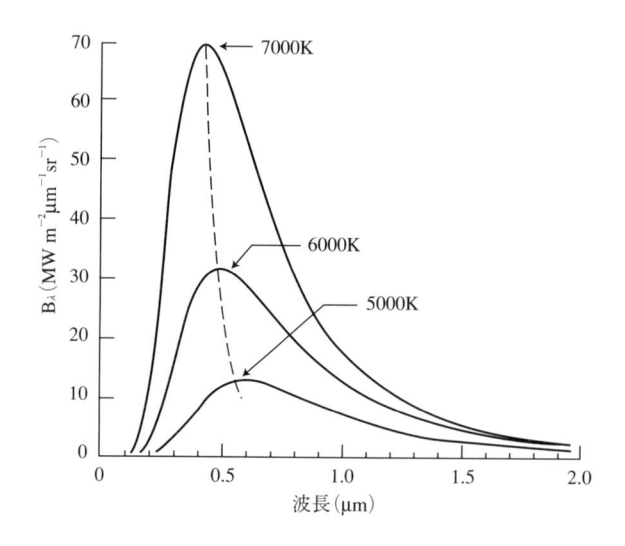

図5・7 プランク放射とウィーンの変位則
縦軸の単位は，式 (5.6) からある波長範囲ごとに全方向に出ていくエネルギーを計算したもの．それぞれの曲線のピークをつないだものがウィーンの変位則となる．

5.8 光球と周辺減光

　光球で見られる周辺減光を説明するには，「連続光を出す本体＋吸収線を作る大気」という2層構造では無理である．周辺減光は太陽大気が光球から上に向かうにつれて連続的に低温になっている証拠であり，これを利用すれば光球の大気モデルを作ることができる（§3.4）．

　さて，太陽の大気においては，高温・高密度な内部から低温・低密度な外部へと連続的に移り変わっていくので，光を出す層と吸収する層を区別することができず，太陽の各層はそれぞれの温度に応じた放射を行うと同時に，吸収も行うことになる．地球から見たときに完全に見通しがきかなくなるあたりが，主に連続光を出しているように見えるわけで，これを光球と呼んでいるのである．前に述べたように実際には光球は500 km程度の層となっている．

　それぞれの層では熱力学的に平衡状態にあるとする「局所熱力学平衡」を仮定すると，周辺減光の様子から太陽大気の構造が求まることは1906年にシュ

5.8 光球と周辺減光

ワルツシルトが示した.光球のように温度が比較的低いと放射が通りやすく,また比熱が小さいため対流が起こりにくい.このことから光球では放射によるエネルギーが運ばれることになるが,気体の密度が大きい場合には局所熱力学平衡の条件が満たされ,放射はそこでの温度に対応するプランク関数になり,周辺減光と温度を対応づけることができる.温度が求まれば鉛直方向のつりあいから密度も求めることができる.こうして光球の物理状態が得られるのである.

CHAPTER 6

太陽表面磁場

6.1 黒点の発見

　1609年頃ガリレオは，レンズを組み合わせて遠くのものを引き寄せて見ることのできる道具（つまり望遠鏡）がオランダで作られたという情報を耳にした（1608年にオランダの眼鏡職人リッペルスハイが特許申請）．彼は自分でいろいろ理論的考察をこらした末，対物側に凸レンズ・接眼側に凹レンズを使った現在ガリレオ式と称される望遠鏡を製作した．ガリレオが優れていたのは，この道具を空に向け宇宙の姿を探求してみようと考えたことで，望遠鏡を発明したのはリッペルスハイであったが，天体望遠鏡を発明したのはガリレオだったといえるだろう．

　ガリレオは望遠鏡を駆使して，月にはクレーターがあることや，天の川が星の集団であること，木星に衛星があることなどを発見したが，本書にとって最も重要なのは太陽に黒いしみのようなものを発見したことである．ガリレオはこれを詳しくスケッチするとともに，日がたつと移動して見えることなどを確かめた（図6・1）．

　ところで，望遠鏡は当時ヨーロッパ中で話題となっていたようで，実は同時期に何人かの科学者が太陽に望遠鏡を向け黒点を見つけている．1610年頃にドイツではファブリツィウスとシャイナーが，イギリスではハリオットが黒点を観察し記録を残している．特にシャイナーは1611年に『太陽黒点論』を著し，黒点発見の先取権を主張するとともに，黒点は太陽のまわりを回る惑星であるとして，その公転周期や軌道傾斜（結果として太陽の自転周期と自転軸の傾き）を求めている．

　さて，シャイナーのうわさを聞きつけたガリレオは1613年に，『太陽黒点に関する第二書簡』を著し，シャイナーに反論する形で，1ヵ月あまりにわた

っての，ほぼ連日の黒点スケッチを提示し自分が黒点の発見者であることを主張するとともに，黒点が太陽の表面現象であり生成消滅することや，その移動が太陽の自転に伴うものであることを論証している．現在にも通じる科学的な説明を行ったという意味では，やはり太陽黒点はガリレオによって発見されたといってよいだろう．

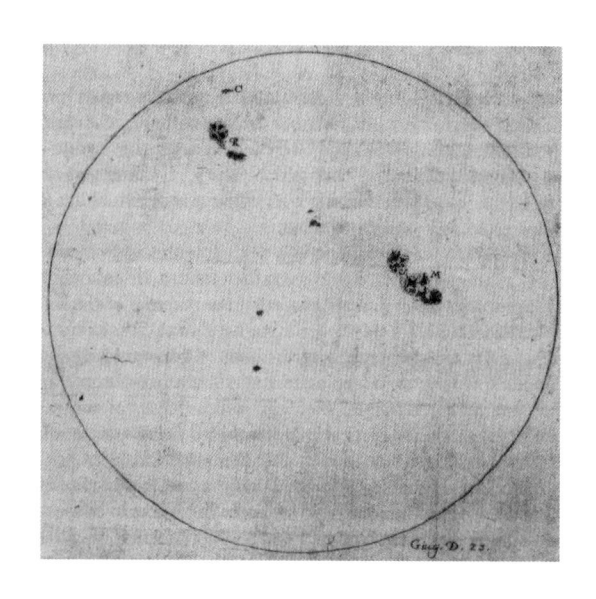

図6・1 ガリレオによる黒点スケッチ
1612年6月23日の記録で，黒点の詳しい構造まで記録されている．(『太陽黒点に関する第二書簡』)

6.2 黒点の現れ方

シャイナーは黒点の正体について，太陽の近くを回っている惑星であるという仮説を立てたが，19世紀には実際に水星より太陽に近い未知の惑星を発見しようという動きが起こった．

水星は太陽から角度で最大28°しか離れないため，夜空で眺めるのは非常に難しく，かのコペルニクスもついには水星を見ていないという伝説もある．その未知惑星はさらに太陽からの離角は小さいはずで，朝夕の薄明時にも観測不

6.2 黒点の現れ方

可能と考えられた．そこでチャンスといえるのが，未知惑星が地球から見てちょうど太陽面をよぎる，つまり太陽面通過となるわけである．地球軌道面のはるか上空から太陽系を見下ろしたとしたときに，太陽と地球，それに内惑星（水星と金星）が一直線に並ぶのを合といい，内惑星―太陽―地球と並ぶのが外合，太陽―内惑星―地球と並ぶのが内合である．ただ水星にしても金星にしても軌道の傾斜があるため，内合となっても太陽面を通過するように見える機会はまれである（図6・2）．未知惑星は公転周期が短く内合がしばしば起こり，かつ太陽との距離が近いため，太陽面通過が起こる可能性はおそらく水星よりも高いものと思われた．

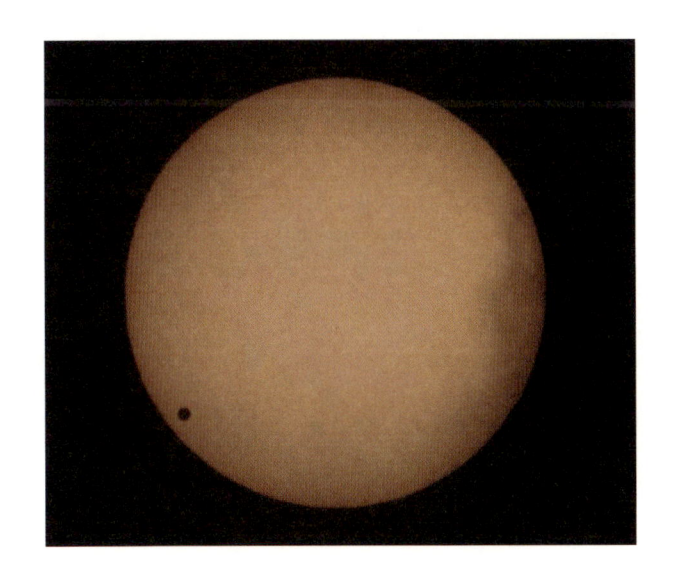

図6・2　金星の太陽面通過
2004年6月8日，東京都三鷹市にて筆者撮影

シュワーベは未知惑星の発見を目的に，太陽面の継続的な観測を1826年から始めた．当然このとき邪魔になる黒点をしっかり排除する必要から，シュワーベは黒点の形や大きさ・位置を綿密に記録したのである．彼は10数年にわたって根気よく観測を続けたが，目的の未知惑星の発見には至らなかった．しかし長年のデータを見直しているうちに，シュワーベは黒点の現れ方には何か

決まりがあるのではないかということに気づいたのであった．観測を始めて間もない1828年には多く見られた黒点が，5年後の1833年にはほとんど現われなくなり，その3年後くらいから再び増え始めて1838年から翌年にかけてピークを示したのち，1843年にはまたもや黒点がほとんど見られなくなったのである．このことから，シュワーベは黒点が約10年の周期で増減すると結論し1843年に発表した．

シュワーベの研究は，発表当時はほとんど注目されなかったが，後に地磁気の変動にもおよそ10年の周期があり，これが黒点の増減とたいへんよい相関が見られることから，黒点が地球に何らかの影響を及ぼしていることが明らかとなった．そこで黒点についてさらに詳しく調査したのがスイス・チューリッヒ天文台のウォルフであった．ウォルフはガリレオの発見まで黒点の記録をさかのぼって調べ，黒点の増減には平均11.1年の周期があることを見出した（1856年）．またウォルフは，黒点観測が世界中で統一した尺度のもとに行われるよう黒点相対数という指標を考案した．それは次のような式で表される．

$$\text{ウォルフ黒点相対数}：R = k(10g + f)$$

ここで f は観測された全ての黒点の数，g は黒点群の数，k は観測者や使用機材によって決まる定数である．黒点相対数そのものには物理的な意味はないが（太陽面に対する黒点が占める面積とは相関が認められる），太陽活動のよい指標であることが経験的に明らかなので現在にいたるまで広く用いられている．

キャリントンは黒点の移動の様子を詳しく調べた．そして太陽面の低い緯度にある黒点ほど1日当たりの回転角が大きいことを発見した（1863年）．これは太陽の自転の速さが緯度によって異なることを示している（§4.5）．

シュペーラーは黒点の11年周期に伴って，黒点が出現する緯度に違いがあることを見出した（1861年）．黒点数が一旦極小となってから，次に黒点が現れてくるときを周期の初めとしているが，周期の初めには黒点は太陽面での中緯度（約40°）に現れるのである．そしてその後黒点数が増えるにしたがって黒点の出現緯度は下がっていき，周期の終わりには赤道付近（約5°）まで達する[1]．黒点数の周期変化と出現緯度のこのような関係はキャリントンによっ

---

[1] 黒点は緯度が40°以上のところや赤道上には現れないということである．これは黒点の成因を考える上で重要な事項となる．

6.3 黒点の構造と進化

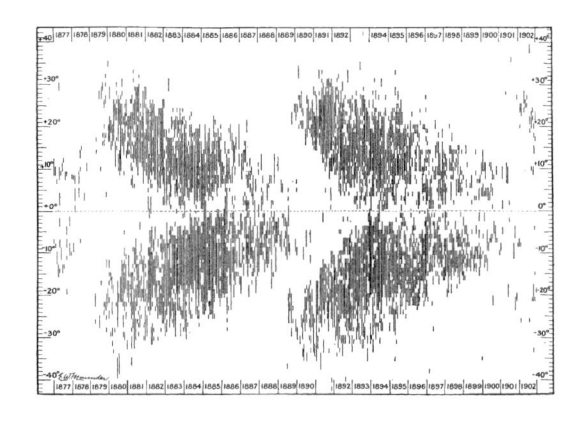

図6・3 マウンダーの蝶型図
1877〜1902年までの全黒点の出現緯度を時系列でプロットしたもの．2匹の蝶が現れた．（Maunder: Monthly Notices of the Royal Astronomical Society, 64, 747, 1904）

ても独立に発見されているが，今ではシュペーラーの法則と呼ばれている．この様子を図示したのがマウンダー蝶型図である（図6・3）．横軸を時刻に縦軸に黒点の出現緯度をとって出現した黒点をすべてプロットしたもので，黒点周期と出現緯度の関係が一目でわかる．

6.3 黒点の構造と進化

ここで黒点についてその外見的な特徴を見ておくことにしよう（図6・4）．

ある程度の大きさをもつ黒点は中心部がくっきりと暗く，その周囲にやや薄暗い部分が取り巻いていることがわかる．暗いところを暗部，薄暗いところを半暗部と呼んでいる．暗部は周囲の光球に対して，光を出していないかと思えるほど黒々と見える．

暗部には目立った構造は見られないが，高分解の観測では，直径200〜500 kmの点状の明るい構造が見出されている（アンブラルドット）．半暗部の構造は一様ではなく，すじ模様が暗部から周囲に向かって伸びている様子がわかる．半暗部の様子は黒点によってかなり違っていて，孤立して存在する黒点の周囲では放射状に見られるが，いくつかの黒点が接近して集まっているような

CHAPTER6　太陽表面磁場

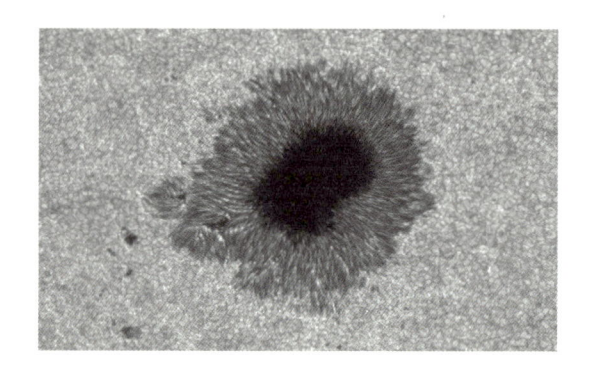

図6・4　黒点（2006年11月12日）
太陽観測衛星「ひので」の可視光・磁場望遠鏡による鮮明な写真．
黒点のさしわたしは約5万km.　　　（提供：国立天文台／JAXA）

場合には，複雑な構造を示す場合もある．なお，半暗部が見られないような微小な黒点はポアと呼ばれる．

　黒点はいくつか集まって出現する場合も多く，その集団を黒点群という．黒点群は最初ポアがぽつぽつ出現し，やがて黒点へと成長しさまざまな活動現象を見せ，やがてちりぢりになって消滅する．こういった一連の過程を進化という（図6・5）．黒点群の進化はもちろん多種多様で，太陽面に現れた黒点群がどのように進化しどのような活動現象を起こすかというのは，太陽物理学の研究者にとっては最大の関心事となる．

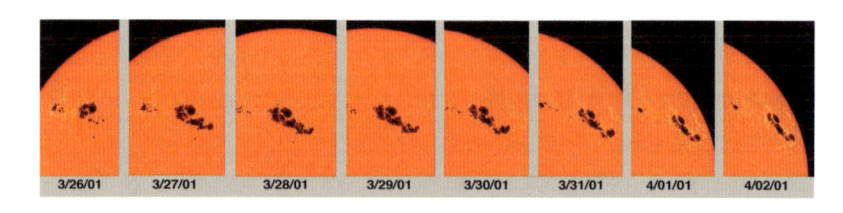

図6・5　黒点群の進化の様子
2001年3月26日から4月2日までの大きな黒点群の進化．26日と27日の間に右下側で黒点が成長し，その後半暗部のつながりが変化したりする様子が観測された．（提供：SOHO/MDI）

6.4 黒点はへこんでいる

1610年以後,望遠鏡による太陽観測が始まったわけであるが,記録としては黒点に関するものがほぼすべてであった.つまり,黒点の形態や移動の様子あるいは数の増減といったものが観測対象だったのである.

黒点にまつわる最初の物理的な事実の発見は,1774年にウィルソンによってなされた.彼は自転によって太陽面を移動していく黒点を続けて観測し,黒点が太陽の縁に近づくにつれて暗部が太陽面中心側に寄っていくように(中心側の半暗部が縁側の半暗部よりもせまくなるように)見えることに気づいた.これは図6・6のように,黒点の暗部が周囲の光球に対して500〜900 kmほどへこんでいることを示している.現在ウィルソン効果と呼ばれているこの現象について当時,黒点は明るく輝く太陽面に穴があいていてそれを通して暗い内部が見えているためだと解釈されていた.

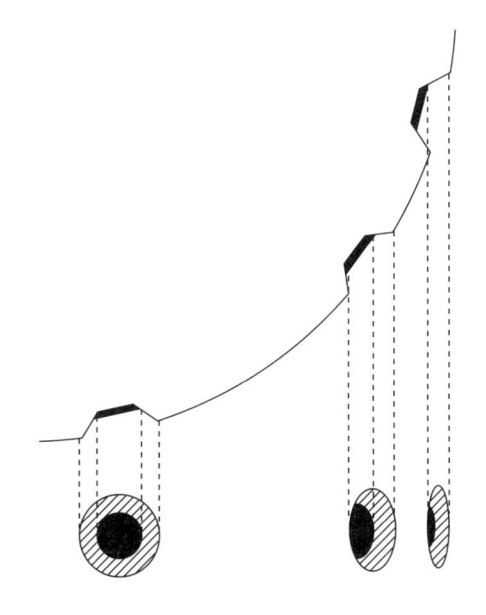

図6・6 ウィルソン効果
黒点が太陽の周辺に近づくにつれて,暗部と半暗部の見え方が変化する.このことは暗部がへこんでいるというモデルで説明される.

天王星を発見した（太陽物理的には1800年に太陽スペクトルから赤外線を発見したことの方が重要）W. ハーシェルは，太陽表面は固体であり高温の雲におおわれていて，黒点は太陽の雲のすきまから見える太陽のいわば地面であると述べている（1795年）．また彼の息子のJ. ハーシェルは黒点のみかけの構造から，黒点が地球の竜巻のような現象だと考えたようだ．

当時太陽面で見られる現象は地球上で起こる現象との類推で考えられることが普通だったようで，確かに太陽のエネルギーや黒点の温度などの情報が未知な状況では致し方ないといえるだろう．ウィルソン効果の物理的に正確な説明が得られるまでには，このあと100年あまり待つ必要があった（§6.8）．

6.5 黒点の温度とスペクトル

1866年にロッキャーは黒点のスペクトルを調べ，光球に比べてすべての波長域で放射エネルギーが低いこと，光球には見られない吸収線が多数存在することから，黒点が光球に比べて温度が低いことを示唆した．

1905年になってヘールらが，黒点のスペクトル線には高温では存在することのない酸化チタンなどの分子による吸収線が多く見られることを突き止め，光球に対して黒点の温度が低いことを証明した．

黒点が暗く見える，すなわち黒点からの連続光の量が少ない（図6・7）ということは，黒点の温度が周囲の光球よりも低いことを示している．黒点の温度は，黒点からの放射エネルギーを測定することからも求めることができ，周囲の光球からまぎれ込む光の影響を取り除くことが難しいものの，光球より1600 K程度低い約4200 Kという値が得られている．

以上のことからわかるように，黒点は黒く見えるからといって光を出していないわけではない．もし太陽全体が黒点でおおわれたとしたら，地球の昼間の明るさは7分の1程度[2]になり，晴れていたとしても，どんよりした曇りの日の明るさくらいになるだろう．

---

[2] 5777 Kと4200 Kの黒体放射の可視光部分のエネルギーを比較．

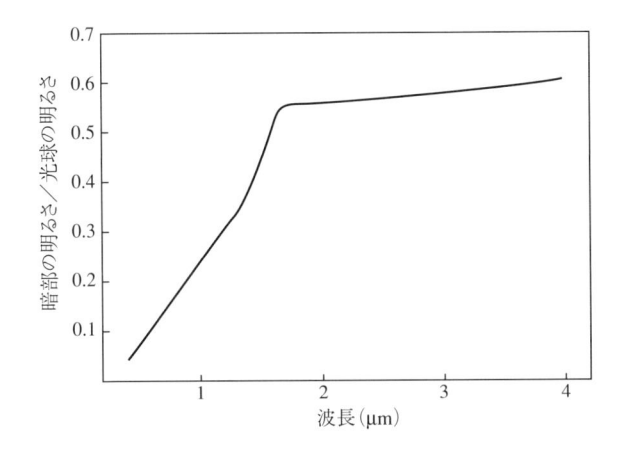

図6・7　黒点暗部の光球に対する明るさの波長依存性
波長1.6μmくらいまでは暗部の光球に対する明るさが大きくなる（コントラストが下がる）．そこから先はほぼ一定値（約0.6）となる．（Stellmacher and Wiehr: Astronomy and Astrophysics, 45, 69, 1975より作成）

6.6　スペクトロヘリオグラフ

　1891年に，ヘールとデランドルはそれぞれ独立に，太陽を任意の波長の光のみで観測することができる装置（スペクトロヘリオグラフ・分光太陽写真儀）を発明した（図6・8）．

　分光器によって作られた吸収線には，スリット上に投影されている太陽の各場所における光の強度が，その場所での大気の性質に応じて現れている．したがって，太陽の像をスリット上で移動して，次々に別の場所の光がスリットに入るようにすれば，特定の吸収線で見た太陽の像（単色像）を得ることができるのである．

　具体的には，太陽を入射スリット上で移動させるのに応じて，受光素子の直前に置いた必要な波長だけを通すためのスリットを移動すればよいことになる．このようにして十数分かけると，ある範囲の太陽単色写真を得ることができるようになった．

　この装置によって太陽のイメージは一変した．吸収線の中でも特に幅が広く暗いカルシウムK線や水素Hα線で撮影した太陽は，普通に見た連続光の太

CHAPTER6　太陽表面磁場

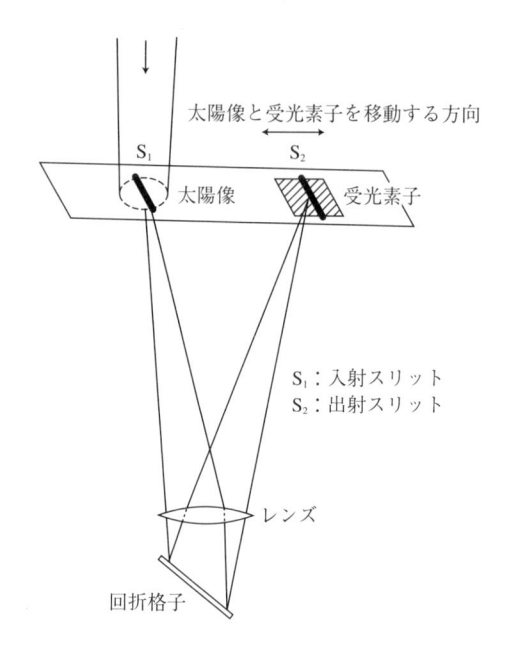

図6・8　スペクトロヘリオグラフ
入射スリット上で太陽像を移動しつつ，出射スリット側で受光素子を同期して移動させることによって，特定の波長のみで太陽像を撮影することができる装置．(守山史生著『太陽 その謎と神秘』誠文堂新光社（1980年）より）

陽面とは異なり，さまざまな模様をもち，しかも比較的短い時間で変化していることもわかったのである．

　ヘールは1908年にHα線での黒点周辺の撮影に成功し，そこに非常に特徴的な構造を見出したが，その詳細は次節で述べることにしよう．のちにヘールは，太陽を移動する方法に改良を加えて，眼視で単色像を見ることのできる装置（スペクトロヘリオスコープ，§9.2）を開発した（1926年）．この装置によって短い時間で変化する現象を捉えることができるようになり，プロミネンス（§7.7）やエネルギー解放現象であるフレア（9章）の研究におおいに貢献することになった．

6.7 太陽磁場の発見

　Hα単色像で見ると，黒点が渦のようなすじ模様に取り巻かれていることにヘールは注目した．電線に電流を流したときにその周囲に生じる磁力線にそっくりだと考えたのである．また，黒点群ではすじ模様がまさに砂鉄で見る磁石のN極とS極をつなぐ磁力線そのもののように見えた．このことからヘールは黒点付近には強い磁場があるのではないかと考えたのである．

　手の届かない天体の磁場を調べる方法はあるのだろうか．1896年にゼーマンは，スペクトル実験に使う輝線光源を強い磁場中におくと，光源の発する輝線がいくつかに分裂することを発見し，その分離の程度が磁場の強さに比例することも見出していた．これをゼーマン効果という（column3）．ヘールは，黒点にもし磁場があれば特定の吸収線がゼーマン効果によって，幅が広がったり分離したりするのが観測されるはずだと考えた．

　ヘールは黒点のスペクトル観測を行い，幅の広がった吸収線の形を詳しく調べ，またその光の状態（偏光）を調べることで，これがゼーマン効果によって起こっていることを証明したのである（図6・9）．ヘールの測定では，黒点の暗部には2000〜3000 G（ガウス）[3]という強力な磁場が存在することが明らか

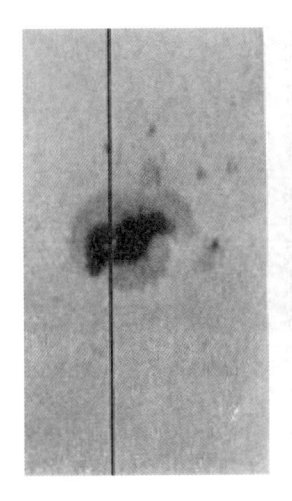

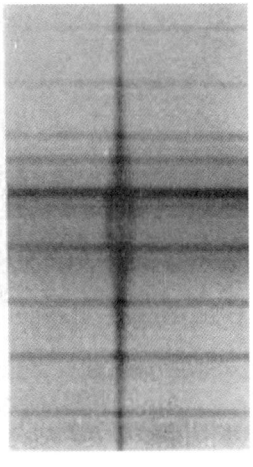

図6・9　黒点スペクトルのゼーマン効果
左：黒点の画像で，縦の線が分光器に光を取り込むスリット．
右：スペクトルで縦の線が吸収線，横のうすく太めの帯が黒点部分，この部分で吸収線が分裂しているのがわかる．
(Hale, Ellerman, Nicholson and Joy: Astrophysical Journal, 49, 153, 1919)

---

[3] 磁場の強さとしては本来T（テスラ）を使うべきであるが，太陽物理学では慣習的にGを使うことが多い．1 T = 10000 G.

CHAPTER6　太陽表面磁場

となった．黒点磁場の発見は地球以外の天体における磁場の最初の発見という，天体物理学上画期的な業績ということができる．結果的には，黒点そのものに強い磁場が存在することが判明し，当初ヘールがいだいた，ガスの運動による電流で黒点周囲に渦巻き状の磁場ができているという考えは修正された．

また，黒点群の中で先行する黒点と，後に続く黒点では極性が逆（N極とS極の組）になっていることもヘールは見出した．さらに，太陽の北半球と南半球では，先行・後続の極性の組み合わせが逆になっていた（図6・10）．このことは黒点の磁場が，黒点そのものの固有の性質というより太陽全体から支配されていることを暗示している．

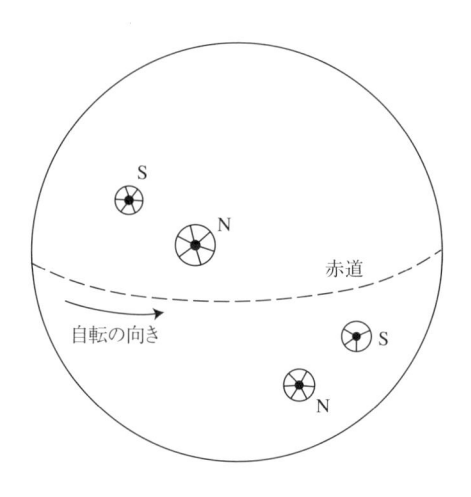

図6・10　黒点群の極性ルール
先行黒点と後続黒点は極性が逆，北半球と南半球では極性の順が反対である．先行と後続は太陽の自転の向きから決めていて，先行黒点の方がやや低緯度に位置する．

黒点磁場発見に引き続き，ヘールとニコルソンは，アメリカ・ウィルソン山天文台で1908～1924年にかけて継続的に黒点磁場の強さと極性を観測したが，1つの活動期（黒点数が増え始めて，やがて出現しなくなるまでの約11年）の間は，先行する黒点と後続の黒点の極性は決まっていて，次の周期に入ると極性が逆転することがわかった．まとめると以下のようになる．

6.7 太陽磁場の発見

①黒点は2つ1組になって現れることが多く，先行黒点と後続黒点では，その極性が反対になっている．

②先行黒点の方が磁場が強い場合が多く，後続黒点はばらついていたり，ときには黒点としては存在していないこともある（そのようなときでも，彩層にはプラージュ（§7.4）と呼ばれる明るい領域があって，磁場は存在していることはわかる）．

③北半球と南半球では先行黒点の極性は逆になっている．つまり，北半球の先行黒点がN極ならば，南半球の先行黒点はS極となる．

④先行黒点は，後続黒点よりも赤道寄りに現れる．

⑤黒点群の極性は，太陽活動周期によって逆転する．

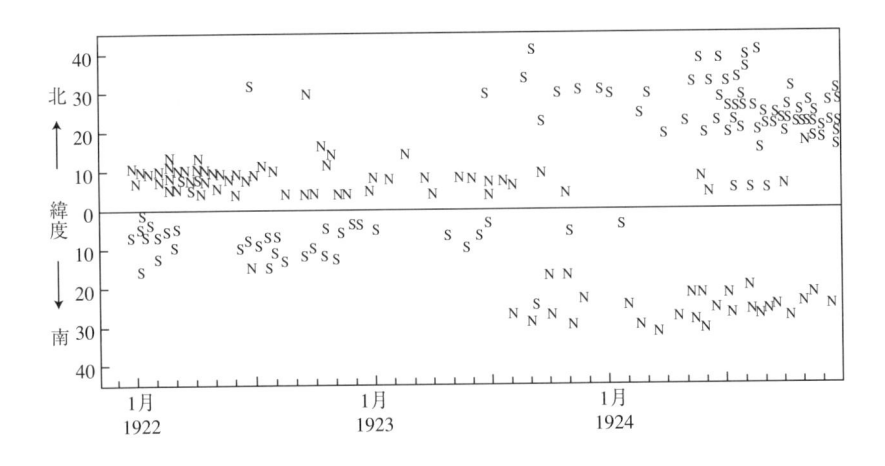

図6・11　ヘール=ニコルソンの法則
1922〜1924年に現れた先行黒点の極性と緯度を示したもの．本文中の③⑤が見てとれる．1923年が極小期で北半球ではNが赤道付近まで降りてきたところで，Sが高緯度に出現しはじめる．
(Hale and Nicholson: Astrophysical Journal, 62, 270, 1925)

つまり磁場の極性も考慮すると，太陽の活動周期は22年ということになる．黒点磁場の極性に関する性質をヘール=ニコルソンの法則（図6・11）と呼んでいる．これは黒点だけではなく，後に述べる一般磁場とも関わる，太陽全体の磁場活動を反映する重要な法則である．

CHAPTER6　太陽表面磁場

　さらにヘールは太陽には全球いたるところに磁場（一般磁場）が存在するのではないかと考えた．そしてこれを検出しようと努めたが，黒点とは違って磁場が非常に弱いため，吸収線を写真的に観測してゼーマン効果を検出することは精度的に無理があった．

　一般磁場の測定は，1950年代になってバブコック父子によって行われた．ゼーマン効果によって吸収線は偏光状態の異なるわずかな幅をもつわけだが，この差を光学的に分離した上で，電気的に精密に測定することのできる装置を開発したのである（図6・12）．このような装置をマグネトグラフと呼んでいる．

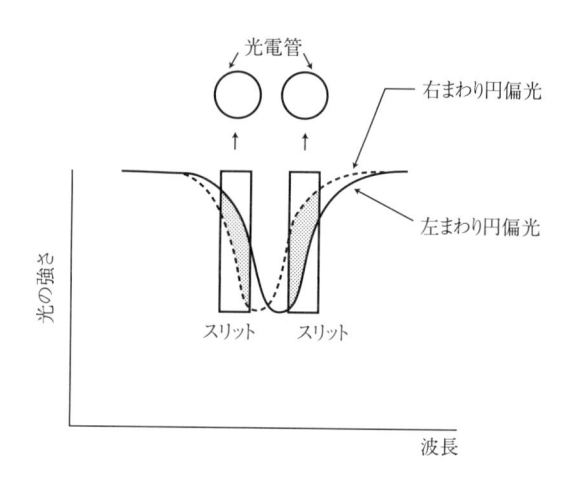

図6・12　バブコックのマグネトグラフのしくみ
吸収線が分裂するほど磁場が強くなくても，吸収線は偏光状態が異なる成分（右まわり・左まわり）によって幅が広がる．成分を別々に取り出せばウィングでの光の強さに差（影の部分）が出る．この差は磁場の強さに換算することができる．（守山史生著『太陽　その謎と神秘』誠文堂新光社（1980年）より）

　測定の結果，太陽表面のいたるところに数ガウス程度の弱い磁場が分布することが明らかとなった．北半球と南半球の特に極付近では，N極あるいはS極どちらかの決まった極性の一般磁場が見られる．その極性はヘール=ニコルソンの法則と同様，太陽の活動周期によって反転することも明らかとなった．太陽磁場の発生機構を考える上で，これはとても重要な事実である．

また，バブコックのマグネトグラフによって，太陽におけるほとんどあらゆる現象に磁場が関与していることが示されたことになった．つまり太陽で起こる現象を解釈するには，磁場の存在を前提とする必要が生じたわけで，太陽においては「はじめに磁場ありき」ということになるのである．

6.8　黒点の成因

　黒点には強い磁場が存在し，かつN極とS極が対で現れることから，パーカーは次のような黒点形成のモデルを考えた（1955年）．

　磁場が存在するところでは仮想的に磁力線の束（磁束管）というものを考えることができるが，磁場からは外に向けて一種の圧力（磁気圧）が働く．太陽内部に横たわった磁束管内部では，磁気圧の分だけ周囲に比べてガス圧が低いため密度が下がるので，浮力を得て太陽の表面にまで浮上してくる．磁束管がコロナまで浮上すると光球に断面ができるが，ここでは磁力線が光球に対して立っているため，磁力線によってガスが押さえこまれ対流による内部からの熱の輸送が減る．このため温度が下がり黒点となって見えることになる（図6・13）．また，黒点では磁気圧のせいでガス圧が低くても周囲から押しつぶされない．その結果ガスは希薄になるため，光球よりも低いところまで見通しがきく．つまりへこんで見えるわけで，これがウィルソン効果（§6.4）である．

　実際の太陽面では，浮上してきた磁束管は，最初アーチフィラメントシステムという形で，Hα線などの観測でコンパクトなアーチ状に見える．やがて，その足元付近にポツポツと小さな黒点（ポア）が出現し，それが次第に成長して一人前の黒点となっていく．後続側では磁束の集中が弱い場合があり，黒点とならずに白斑（彩層ではプラージュ）として観測されることもある．浮上してきた磁束管が，内部の運動などによってねじられたりしている場合には，光球で見られる黒点もずいぶん複雑な形になることがあり，極性が異なる磁束の入り乱れたデルタ型と呼ばれる黒点が形成されることもある．このような黒点では，磁場のエネルギーが多く蓄えられているため，フレア（9章）などさまざまな活動現象を起こす可能性をもっているのである．成長しきった黒点は数日から1ヵ月の寿命をもつが，やがて光球面でのガス運動などが原因で磁場が拡散してしまって，黒点もやがては消滅していくことになる．

CHAPTER6　太陽表面磁場

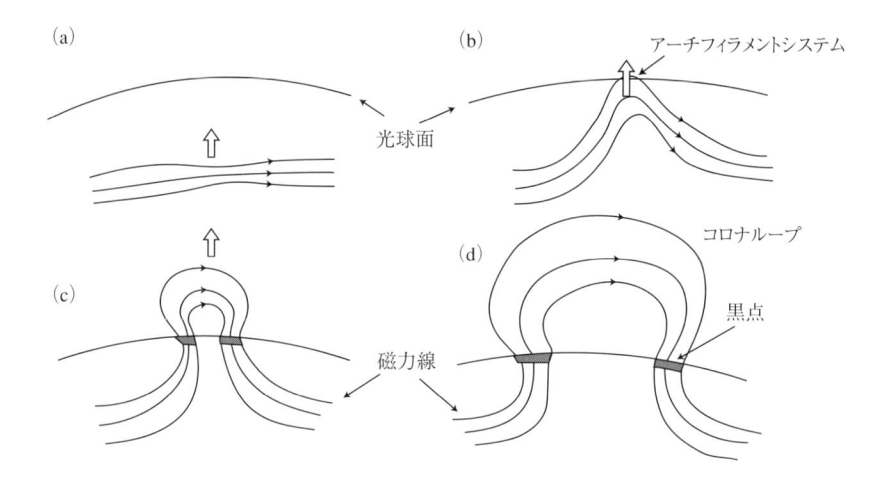

図6・13　浮上磁場により黒点群が形成される過程
太陽内部で強められたトロイダル磁場は浮力をもち光球面に顔を出す．内部のガスが両側に流れさらに軽くなってコロナ中に到る．（Parker: Astrophysical Journal, 121, 491, 1955 を元に作成）

　1961年にバブコックは，太陽全体の磁場から黒点を形成するような強い磁場がどのように作られていくかを以下のモデルで説明した．

　太陽の内部ではプラズマが運動することによって磁場が強化されるいわゆるダイナモ機構が働いている．太陽の内部はプラズマで満ちているわけだが，そこに磁場（ごく弱くてもよい）が存在したとすると，プラズマが磁場内で運動することによって，電場が発生し電流が流れて周辺に磁場を作る．このように運動エネルギーが磁気エネルギーに変換される過程をダイナモと呼んでいる．

　太陽内部で作られた磁場（ポロイダル磁場）は，やがて差動回転の影響によって，太陽内部で自転軸に巻き付くような形（トロイダル磁場）へと変形され，磁場は強められていく（図6・14）．やがて磁場が浮力をもち，パーカーの考えのように黒点群を形成していく．このモデルでは，先行黒点と後続黒点を結ぶ線が太陽の緯線に対して少し傾いて（先行黒点の方が低緯度に）現れることもうまく説明できる[4]．

---

[4]　ただ，このように巻き付いていった磁力線がどう減衰していき，最終的に南北の磁極が反転するかについてはまだよくわかっていない．

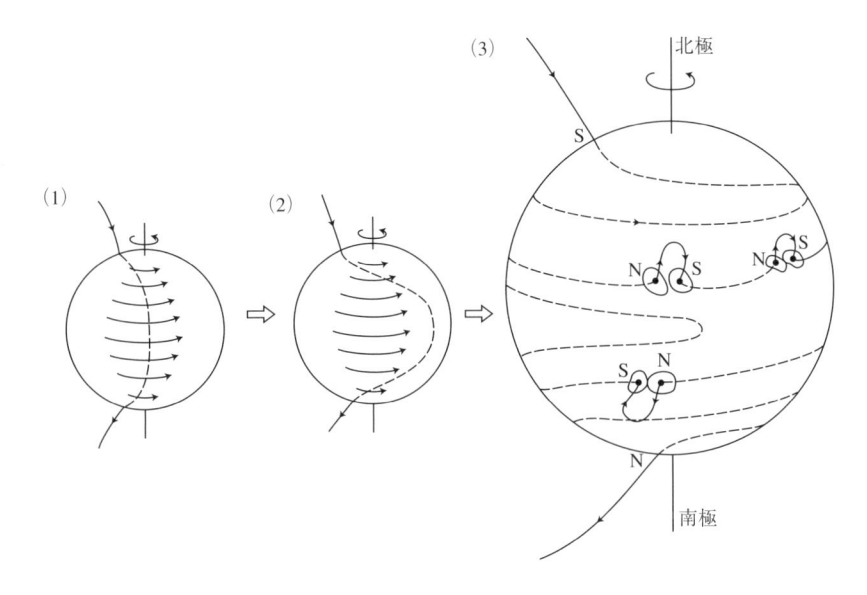

図 6・14　グローバル磁場と黒点

ポロイダル磁場が差動回転によって赤道まわりに自転方向にぐるぐる巻きとなり，緯度方向に平行なトロイダル磁場ができていく．§6.7 のヘール=ニコルソンの法則の①③④がこれで説明される．(1) と (2) は太陽内部（0.7 太陽半径）での様子を示している．(Babcock: Astrophysical Journal, 133, 572, 1961 を元に作成)

6.9　黒点の磁場構造

　ゼーマン効果による吸収線の分離から，黒点の磁場の強さを求めることができると先に述べたが，黒点の中心付近でおおよそ 2500〜3000 G，周辺に向かうにつれ磁場の強さは徐々に小さくなり，半暗部では約 1500 G となっている．

　次に重要なのは黒点内での磁場の向きであるが，これを知るためには磁場ベクトルを視線に平行な成分と視線に垂直な成分に分けて観測する．ゼーマン効果によって分離した吸収線は，それぞれの成分が磁場ベクトルに応じた偏光状態の違いをもつ．したがって，吸収線の偏光状態（円偏光か直線偏光）を抽出できるような光学素子（偏光板や波長板）を分光器の前に置いて，その素子を制御しながら観測を行う．このように偏光状態の異なる光を取り出す装置をポラリメーターと呼ぶ．

　ゼーマン効果のところで説明したように，磁場ベクトルが視線に平行なら

ば，本来の吸収線から磁場の強さに応じた波長だけずれた両側の位置に，互いに反対方向へ円偏光した吸収線が観測される．磁場ベクトルが視線に垂直であれば，本来の波長のところには磁場ベクトルに平行な直線偏光が，ずれた両側の波長のところには磁場に垂直な直線偏光が観測される．実際には磁場ベクトルは視線に対してある角度をもつ場合がほとんどであるから，観測される吸収線には直線偏光と円偏光の成分が含まれることになる．光の偏光状態はストークス=パラメーターと呼ばれる4つの量で表現されることが多い．ストークス=パラメーターは普通（I, Q, U, V）で表され，Iは光の強さ，QとUは互いに直交する直線偏光の量，Vは円偏光の量を示す．黒点におけるストークス=パラメーターの例が図6・15である．

観測されたストークス=パラメーターは光がどのくらい偏光しているかを示す偏光量であって，このままでは太陽面での磁場の様子はわからない．しかし，ストークス=パラメーターを磁場の強さに変換することが，実は難問なの

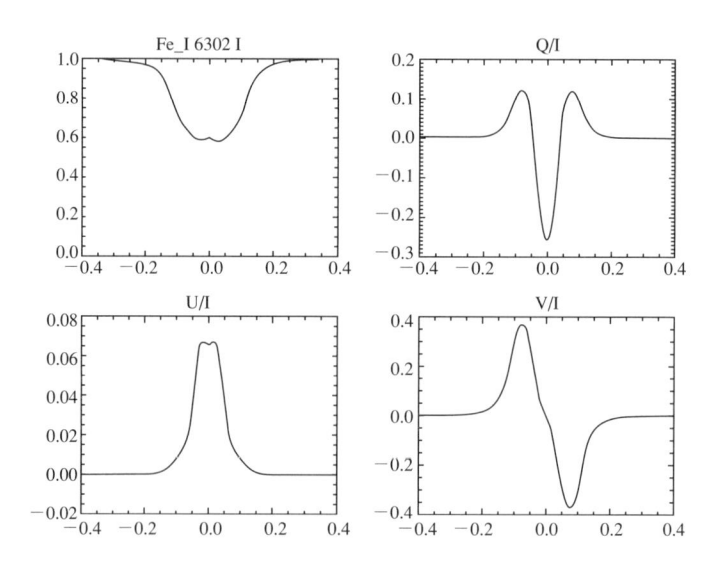

図6・15　黒点の偏光観測プロファイルの例
磁場の強さ1500G，視線に対する磁場の傾き45°，磁場の方位角0°として，鉄の630.3 nm吸収線に対するストークス=パラメーターのプロファイルをモデル計算したもの．Iは吸収線の形を示していると見なしてよく，直線偏光成分のQとUは線中心（波長の0点）に対して線対称，円偏光成分のVは点対称になる．実際の観測では他の要因も加わり，このようにきれいにはいかない．

である．磁場があまり強くなければ，視線方向の磁場は円偏光度に比例し，視線に垂直な磁場は直線偏光度の平方根に比例することが導かれている．ところが黒点のように磁場が強い場合（具体的にはゼーマン効果によって吸収線が分離して見える程度）には，この近似は使えない．スペクトルを観測することで，ストークス=パラメーターの各成分がプロファイルとして得られている場合には，大気のモデルや磁場の大きさ・向きをいろいろ変えながらプロファイルを数値的に計算し，計算結果を観測結果と一致させていくという手法が用いられる．これによってほぼ信頼できる磁場への換算が実用的となってきた．

一例として「ひので」によって観測された黒点磁場の様子を示す（図6・16）．視線方向の磁場の強さと，視線に垂直方向の磁場の向きと強さが得られると，黒点内で磁場がどのような形をとっているかわかる．

一般的な黒点磁場の構造を図6・17に示す．暗部の中心では磁場は太陽面に対してほぼまっすぐに立っているが，暗部の周辺では放射状に広がるような傾きをもつ．半暗部では太陽面に水平に近い磁場が支配的となっている．実際の黒点では磁場はもっと複雑な形をとることが多い．

6.10 半暗部をめぐって

ヘールが磁場を連想した黒点まわりのHα模様であるが，実際ここにガスが流れているのではと考えるのは自然なことであろう．1909年にエバーシェ

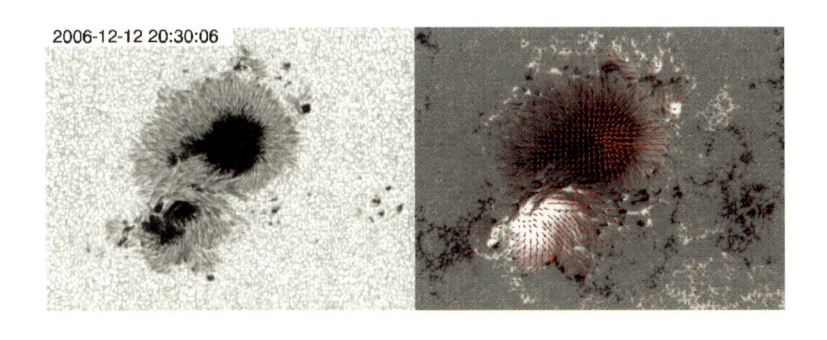

図6・16 黒点の磁場構造
「ひので」による黒点像（左）と磁場分布図（右）．磁場分布図の白黒は視線方向磁場の強さ，赤矢印は横方向磁場の向きと強さを示している．（提供：国立天文台／JAXA）

CHAPTER6 太陽表面磁場

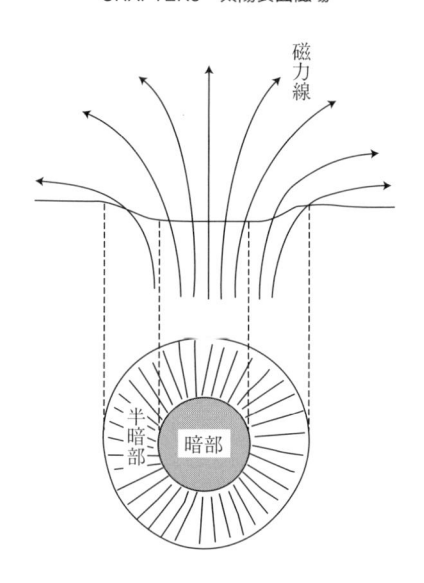

図6・17 黒点のモデル
暗部中心では磁場がほぼ垂直に立っているが，周囲ほど傾いており，半暗部ではかなり水平に近づく．

　ッドはインド・コダイカナル天文台で分光器を用いて黒点周辺のガスの運動を調べた．さまざまな吸収線についてその波長のずれからドップラー効果を利用して，吸収線ができる高さと速度（大きさと向き）の関係を見出した（図6・18）．
　その結果は，光球では半暗部において周囲に向かってほぼ太陽面に水平な放射状の流れ出し運動があり，彩層になるとそれが逆転して流れ込みの運動があるというものだ．これをエバーシェッド流という．また，黒点のまわりで渦を巻くような流れはないということもわかった．地球との類推で考えると，もしガスの流れがあれば自転の働きによって決まった向きに曲げられる（コリオリ力）わけだが，これで黒点まわりの流れはそれ以上の束縛を受けていることがわかる．ここでも磁場が重要な役割を演じているのである．
　半暗部では，磁場は水平よりは少し起きた向きをもっている（§6.9）にもかかわらず，エバーシェッド流が水平であることは長年の謎となっていた．流れが磁場に沿っていないとは考えにくいからである．この謎は「ひので」によ

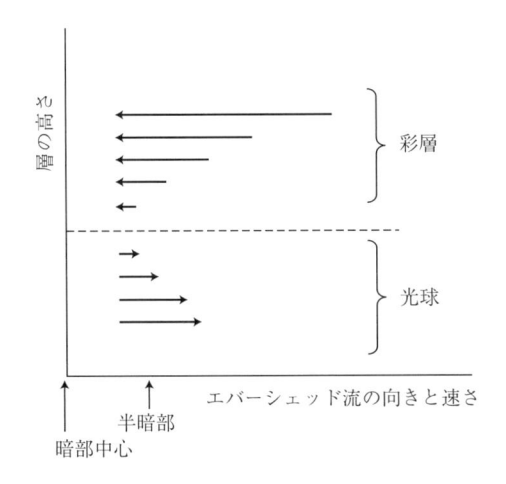

図6・18 エバーシェッドの流れ
さまざまな高さで形成される吸収線で測定されたエバーシェッド流の様子．光球では外向きの流れで高さとともに遅くなり，彩層では内向きとなり高さとともに速くなる．

る高い分解能での磁場観測によって解かれた．半暗部の磁場構造は太陽面に水平なものと傾きをもったものとが交互に並んでいて，エバーシェッド流はその水平な磁場に沿って流れていることが明らかとなったのである．黒点暗部の外縁あたりからガスが押し出され，磁場に沿って流れて半暗部より外側で光球に沈み込むという描像である．ただ光球と彩層で流れが反転する理由は，まだわかってはいない．

「ひので」の観測からはさらに，半暗部においてとなり合う磁場構造の間で相互作用（リコネクション，§9.8）による小規模なジェット現象が頻発していることが確かめられた．また，黒点が形成される過程で，半暗部となる磁場構造はまず彩層の高さで作られ，それが光球に降りてくることが「ひので」により観測された．半暗部をめぐる動向からは目が離せなくなりそうだ．

6.11 白斑とは

黒点とならぶ太陽面のもう1つの著しい現象は白斑だ．太陽面の縁近く，周縁減光のため少し暗く見える部分に，網目状に明るく広がった領域として見え

ることが多いが，特に条件がよければ明るい点の集まりのようにも見える（図6・19）．黒点のような活動領域に伴うものもあれば，太陽の両極域に現れるものもある．

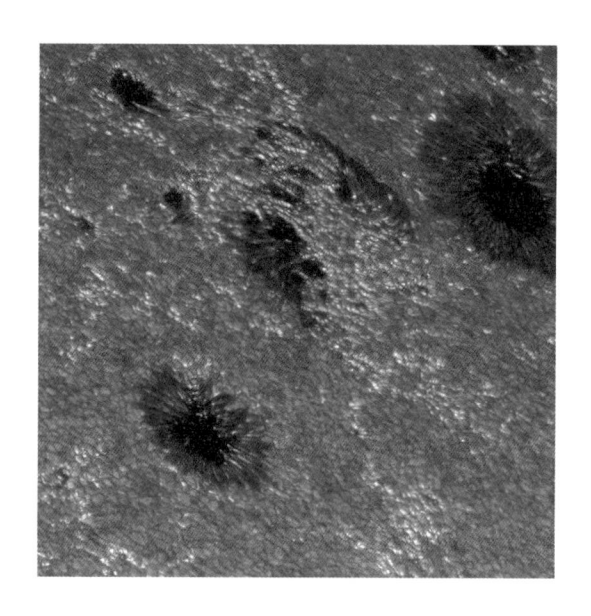

図6・19 太陽の縁近くで見える白斑（2003年6月29日）
（スウェーデン王立科学アカデミー，スウェーデン1m太陽望遠鏡で Dan Kiselman 撮影，Mats Löfdahl による画像処理）

連続光で見て明るいということは，白斑が周囲の光球よりも温度が高いことを意味している．白斑領域の明るさを調べると，周囲の光球に対する明るさの増加は数％程度で，これは黒体放射として温度に換算すると数100 K程度の温度上昇に対応する．しかし個々の白斑を詳細に測光すると，波長550 nm付近の連続光では，周囲の光球に対して最大40〜50％も明るく観測される．特に太陽の縁近くでこのようにとても明るく見えることは，白斑の幾何学的構造を考える上で非常に重要な事実である．

　白斑を考える上で，その見え方に注目することはとても大事である．背景（光球）に対するコントラストは，可視光の場合，太陽面中心ではほとんどないわけだが，赤外線では暗く見えるという観測例がある．また，特定の吸収線

のみで観測すると太陽面中心付近でも明るく見えることも知られている．このことは，白斑においては吸収線が相対的に浅くなっていることを意味していて，光球面より上の大気層の一部が加熱されていることを反映している．

　黒点は必ず反対極性をもつ磁場の対で現れることを紹介したが，一方の極性の黒点しか存在しないように見える場合でも，マグネトグラフで観測すると必ずその周囲には反対極性の磁場領域が広がっている．白斑はそのような場所に分布している．マグネトグラフによる観測が始まった頃には，白斑ひとつひとつの磁場を分解して測ることはできず，白斑の存在する領域として数100Gという値が求められていた．その後，白斑は1500Gの磁場をもつ直径150km程度の磁束管がバラバラに分布していることがわかった．つまり，活動領域に見られる白斑は，黒点と同じ起源ではあっても，なんらかの理由によって細い磁束管に拡散したものと考えることもできる．白斑では，磁場が太陽面にほぼ垂直（傾いているとしても最大30°程度まで）であることがわかっている．

　黒点が暗く白斑が明るい理由は，おそらく磁束管のサイズによっていると思われる．黒点の場合は磁束管が集中していて，その磁気圧によって対流が妨げられ，下からのエネルギー上昇が妨げられるため暗くなっている．他方，白斑は磁束管がバラバラに存在しているため，対流が抑止される効果よりも磁気圧のへこみによる周囲からの影響（温度の高い大気からの熱のもれこみ，もしくは大気の透明さの変化）が効いているため明るく見えると考えられる．

6.12　白斑のモデル

　白斑が太陽の周縁部でよく見えるようになることから，最初に考えられたモデルは，熱い壁モデルである（図6・20a）．黒点のところでも紹介したように，磁場があるとその磁気圧によって大気は少しへこむ（ウィルソン効果）．白斑は細い磁力管が光球面に垂直に立っているものと考えると，図のようなへこみができることによって，太陽中心部ではそれほどコントラストの差がないものの，周縁に近づくとへこみの壁となっている温度の高い大気層が見えることになる．

　一方，磁束管の上空に，温度の高いガスの雲ができるのではという考え方が，熱い雲モデルである（図6・20b）．この雲は上から見るとほとんど透明で

あるが，斜めから見ると視線上にたくさんの熱いガスが存在することになり，周囲よりも明るく見えるというわけである．熱くする過程としては，磁場がなんらかのエネルギーを運んで，光球上層を加熱することが考えられるだろう．

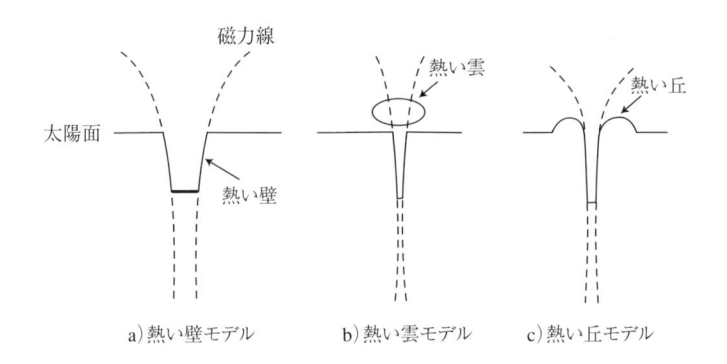

図6・20 白斑のモデル
磁場が存在すること，連続光では太陽の縁で明るく見えることを考慮して作られたモデル．

第3のモデルとして熱い丘（hillock）モデルと呼ばれるものが提唱されたこともある（図6・20c）．これは光球面での磁束管の出口周辺に温度の高い盛り上がりができるというものである．真上から見るとふつうの光球と見分けがつかず，斜めから見ると周辺減光よりも明るさの減り方が少ないために相対的には明るく見えるようになるというのである．実際にこのような丘ができるのかどうかは検討の余地があり，このモデルと熱い雲を組み合わせると観測事実と合うという考えもあったようだ．

現状では熱い壁モデルが有力視されているがいずれにせよ，白斑は150 kmサイズの細い磁束管によって構成されているため，その磁場構造や物理状態を観測するのは極めて難しい．「ひので」による観測から白斑～プラージュの新しいモデルが作られることを期待したい．

6.13　Gバンド輝点

太陽スペクトルの波長430 nm付近にGバンドと呼ばれる多数の吸収線が集

6.13 Gバンド輝点

まった領域がある（表5・1）．その付近の光だけを通す狭い帯域のフィルターで観測すると，光球の温度が最も低い層付近の構造がくっきりと見え，特に粒状斑の間に小さな明るく輝く点が多数見つかる（図6・21）．これをGバンド輝点と呼んでいる．

Gバンド輝点は直径150 km以下の大きさをもつが，その分布の様子や明るさについては存在する場所によって異なっている．ネットワーク境界（§7.5）では分布の密度が大きく，平均的な明るさよりも20％程度明るい．他方，それ以外の部分（インターネットワーク）では分布の密度は小さく，明るさの増分は5％程度である（ただし，ここでは背景がネットワークよりも暗いため，輝点としての見え方そのものはあまり変わらない）．

Gバンド輝点では磁場も観測されていて，太陽面上における磁場の最小単位かもしれないと考えられている．Gバンド輝点のサイズや磁場の強さ，明るさの関係を詳しく調べることはとても重要で，「ひので」で得られたデータの解析が進められているところである．

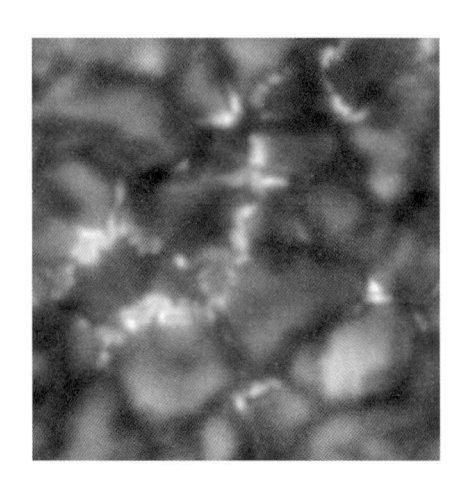

図6・21　Gバンド輝点（2007年3月1日）
太陽観測衛星「ひので」による．暗く縁取られた粒状斑の境界の一部に，明るい点が連なるように見られる．この例はネットワーク境界に見られたもので，それ以外のところではもっとバラバラに存在する．　　　　　（提供：国立天文台／JAXA）

6.14 短命磁場領域

太陽全面で磁場のN極・S極の分布を調べると，20000〜30000 kmの規模で寿命が1日程度のN極・S極の対が観測される．このような領域を短命磁場領域と呼ぶ．短命磁場領域は黒点にまでは成長しないものの，数が多いだけに太陽の磁気的活動における重要な要素とみなされている．

短命磁場領域は，黒点が40°以下の低緯度にしか現れないのに対して極域にまで見られること，増減はあるものの黒点ほどには周期性がはっきりしないこと，N極・S極の並ぶ向きがヘール=ニコルソンの法則（§6.7）にあまりよっておらず，むしろランダムであることなどが特徴となっている．これらのことから，短命磁場領域の成因は，黒点やその11年周期を生み出すダイナモ機構（§4.5）とは別の機構による可能性も考えられていて，今後のより詳しい観測が望まれている．

6.15 太陽観測衛星「ひので」

すでにすばらしい太陽画像をいくつか紹介しているが，太陽観測衛星「ひので」は2006年9月23日にM-Vロケット[5]により，鹿児島県の内之浦宇宙空間観測所から打ち上げられた（図6・22）．

「ひので」は日本・アメリカ・イギリスにより共同開発された．光球からコロナにかけての活動現象の可視光線・磁場・X線観測を，これまでにない高い分解能で行うことで，コロナ加熱や太陽磁場活動など天体プラズマ現象の解明を目指している．

「ひので」には可視光磁場望遠鏡（SOT），X線望遠鏡（XRT）および極紫外撮像分光装置（EIS）という3つの装置が搭載されている．SOTは口径50 cmで可視光領域において高い空間分解能で撮像・分光観測が可能である．フィルターを切り替えることによってさまざまな高さの大気層での活動現象を捉えられ，また分光観測によって速度や磁場を精密に測定することができる．これによって太陽面の磁場構造やプラズマの運動を時間を追って調べられ，活動現象

---

[5] M（ミュー）-V（ローマ数字の5）は，日本の科学衛星打ち上げ用ロケット．1997年より使用され7号機の「ひので」が最終となった．現在観測衛星の打ち上げにはH-IIAが使われている．

6.16　太陽磁場に関する新たな知見

図6・22　太陽観測衛星「ひので」(提供：国立天文台)

やコロナ加熱のしくみに迫ることができる．XRT は極紫外線と X 線で高分解能の太陽像を得て，フィルターの組み合わせによってさまざまな温度をもつコロナを見分けることができる．特にコロナ底部の温度にも対応するため，彩層とコロナとの関係の解明に寄与できる．EIS は波長のごく短い紫外線の分光観測を行い，コロナや遷移領域における温度・密度それに速度を求めることができる．

特に「ひので」SOT によって，これまで地上では観測できなかった微細な磁場構造が見いだされることになり，光球磁場についてはまさに教科書を書き換えるような成果が得られつつある．

6.16　太陽磁場に関する新たな知見

1950 年代にバブコック父子により太陽の極域に弱い単極磁場（数ガウス）が見出された．その後，低緯度も含めた太陽表面の活動領域を除くほぼ全域（静穏領域）にも弱い磁場が分布していることがわかり，一般磁場と呼ばれるようになった（§6.7）．その後，静穏領域には弱い磁場がべたっと広がっているのではなく，磁気要素と呼ばれる直径 150 km 程度の表面に垂直に近い角度で立った磁場（その現れが G バンド輝点など）が，とびとびに存在すること

CHAPTER6 太陽表面磁場

が明らかとなってきた．太陽磁場の観測において，微細な構造を調べるには太陽面の中心付近で観測する方が有利である．その際，太陽表面に垂直に近い磁場（視線方向磁場）はゼーマン効果によって検出しやすいため，比較的弱い磁場（あるいは分解能以下に集中した比較的強い磁場）まで調べることができるが，太陽表面に水平な磁場については，検出の精度が視線方向磁場より約1桁下がってしまうため，その様子は全くといっていいほどわかっていなかった．

しかし，「ひので」に搭載されたSOTによって，高い空間・時間分解能で精度よく磁場が測定できることになり，静穏領域の磁場構造について画期的な発見がなされたのである．短寿命水平磁場と名づけられたその構造は，主に粒状斑内に現れ，名前の通り平均約4分という短い時間で出没する，太陽表面に水平で粒状斑よりも小さいサイズをもつ磁場である．その成因は，太陽表面近くにおける対流運動がそこにある弱い磁場を強めるという局所的なダイナモが働いているためと考えられている（図6・23）．この短寿命水平磁場は太陽の全面で見られる．ひとつひとつの要素は小規模であるものの，次々に現れるため数としては膨大であり，もしここで何らかのエネルギー解放が起こっていれ

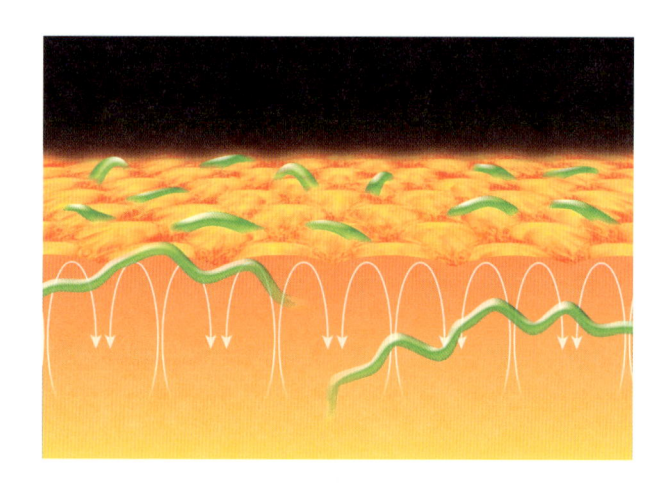

図6・23 短寿命水平磁場の模式図
光球面の少し下にある細い磁力管（緑色）が，ガスの運動により強められ一部が浮上したもの．白い矢印は粒状斑をつくる対流運動を表す．
（提供：国立天文台／JAXA）

6.16 太陽磁場に関する新たな知見

図6・24 「ひので」による極域磁場
2007年9月25日太陽南極付近の磁場分布．黄色で示されているのが1000G以上の領域．典型的なサイズは黒点の10分の1程度，平均の寿命は約10時間である． （提供：国立天文台／JAXA）

ば，彩層あるいはコロナを加熱する要因である可能性もあるとして研究が続けられている．

　また，数ガウスの磁場が一様に分布しているという極域の磁場についても猫像は一変した．極領域の磁場については，地球からは斜めに見透かす方向になるため精密な測定が困難であったが，「ひので」SOTによる観測から短寿命水平磁場に混じって1000 Gを超える強い磁場領域が発見されたのである（図6・24）．この強さは活動領域のポア（§6.3）や白斑（§6.11）に相当するものの，対応する光球面での現象は見出されていないようである．活動領域では磁場は必ずN極・S極の対で出現するが，極域の強磁場領域はすべて同一の極性をもっていて，おそらく上空に向かって広がりつつ彼方まで伸びているものと考えられる．太陽の極域からは高速プラズマが流れ出しているが（§10.6），この磁場構造と関連していることが示唆されている．

　「ひので」によって空間的にも時間的にも「太陽面到る処に磁場あり」というイメージは確固たるものになったといえるだろう．

● COLUMN3 ●

ゼーマン効果

　1896年にゼーマンは，高温ナトリウム蒸気に強い磁場をかけて，輝線がどのように変化するかを調べた．すると，2本の線からなるD線それぞれが，磁場をかけていないときにくらべて，著しく幅が広がることを発見した．ローレンツは電子運動の理論から，広がった線は磁場に沿った方向から見ると円偏光・磁場に直角な方向から見ると直線偏光を示すことを示唆し，ゼーマンはこのことも実験的に確認した．磁場によって輝線や吸収線の幅が広がったり分離したりし，それが磁場の向きによって異なった偏光状態を示す現象をゼーマン効果と呼んでいる．ゼーマン効果を用いることによって，スペクトルの解析から，太陽面に存在する磁場の情報を得ることができるのである．

　古典的なゼーマン効果では，磁場をかけると線が3本に分離する．3本のうち中央のもの（π成分）は磁場のないときと同じ波長のままであるが，他の2本（σ成分）はπ成分から両側に

$$\Delta \lambda_B = 4.67 \times 10^{-12} g B \lambda_0^2$$

だけ離れた波長のところに現れる．Bは磁場の強さ（G）・λ_0はスペクトル線の波長（nm）そしてgはランデ因子と呼ばれ磁場に対するスペクトル線の敏感さを示す量だ．

　この3本に分離した線の強さの比や偏光の状態は磁場の向きによって変化し，磁場が視線方向に沿っているとき（longitudinal）はπ成分は現れず，σ成分は磁場の向きに応じた互いに逆回りの円偏光を示す．磁場が視線と直角なとき（transverse）には磁場と直角方向に直線偏光したπ成分と，磁場に沿った方向に直線偏光したσ成分が現れる．実際には太陽面の磁場は視線に対してある角度をもっているため，π成分とσ成分の現れ方はもっと複雑であるが，観測される線の形から磁場を求める方法は海野（1956年）が考案し，現在もそれを基本として解析が行われている．

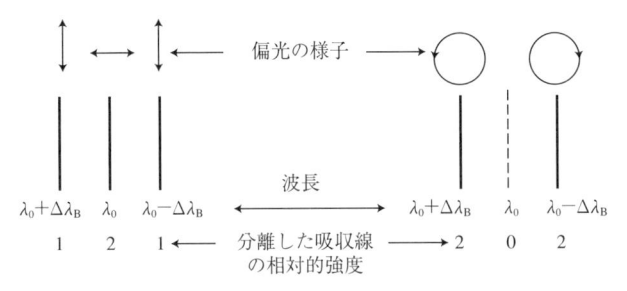

ゼーマン効果

| 視線と磁場が垂直な場合 | 視線と磁場が平行な場合 |

偏光の様子

波長 →

分離した吸収線の相対的強度

視線と磁場が垂直な場合:
$\lambda_0+\Delta\lambda_B$: 1, λ_0 : 2, $\lambda_0-\Delta\lambda_B$: 1

視線と磁場が平行な場合:
$\lambda_0+\Delta\lambda_B$: 2, λ_0 : 0, $\lambda_0-\Delta\lambda_B$: 2

ゼーマン効果による吸収線の分離と偏光の様子

CHAPTER 7
彩層とプロミネンス

7.1 フラッシュスペクトル

　1870年12月22日に起きた皆既日食の際,ヤングは分光器のスリットを月が太陽を最初におおいつくす(第2接触)場所に接するように当て,スペクトルの様子を観測した.最初は多数の吸収線を伴う連続スペクトルが見えるのであるが,食が進むにつれて連続光の強度が下がっていき,第2接触の瞬間,連続光が消えると同時にすべてのスペクトル範囲にわたって数え切れないほどの輝線がきらめいた(図7・1).

　ヤングはこの現象をフラッシュスペクトルと呼び,普段は吸収線を作っている光球をおおっている層が,背景の光球の光が取り去られることによって輝線に転じて見えたものと考えた.これはキルヒホッフの考えたフラウンホーファー線形成の理論を支持する観測結果となった[1].

　連続光に対して希薄で吸収線を形成するこの層を彩層と呼ぶが,フラッシュスペクトルの継続時間(2秒程度)からその厚さは約3000kmと推定された.

7.2 見通しが悪いと上が見える

　光球が水素負イオンのおかげで不透明である,つまり見通しがよくないことはすでに紹介した(§3.5).光球が平均して500km程度しか見通すことができないということは,それよりも深いところで出た光は直接には出てこられず,いったん吸収されることになる.また,光球よりも浅いところではいったん温度が下がるため,明るさに対してはあまり寄与することができず,結果として500kmあたりの様子が見えていることになるのである.

---

[1] 厳密には吸収線としては見られない輝線も見え,これはコロナによって照らされて形成されるものであることが後に判明する,たとえばヘリウムのD_3線.

CHAPTER7 彩層とプロミネンス

図7・1 フラッシュスペクトル
弧状に見えるのが太陽のへりから発せられる輝線．赤の太いのが水素 $H\alpha$，赤と緑の境界付近の黄色がヘリウム D_3，緑と青の境界付近の青いのが水素 $H\beta$，左端の 2 本接近したのがカルシウムの H 線と K 線．
（提供：Gray L. Sego）

　吸収線について考えると，深い吸収線の中心にあたる波長の光は，光球よりも上に存在する原子やイオンによって，とても大きな吸収を受けていることになるため，言葉をかえると見通しがもっとよくないわけである．つまり，深い吸収線の中心の光だけを取り出すと，光球よりも上の様子が見えてくることが想像できるだろう（図7・2）．

　彩層はこのように（深い）吸収線を作る層で，吸収線を形成するのは連続光

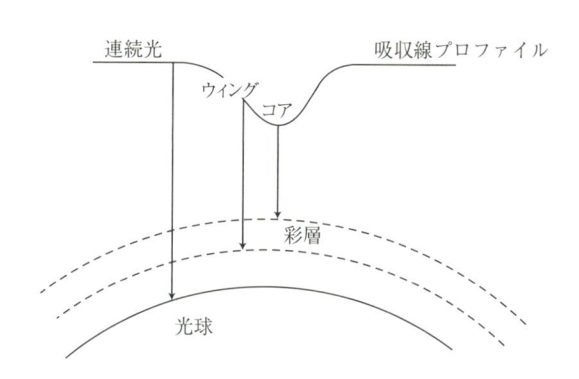

図7・2 吸収線形成の概念図
連続光では光球まで見通すことができるが，吸収線内の波長では，それより浅い層までしか見通すことができない．

を出している深さより外側にある物質であるから，その物質の温度や密度や電離状態などによって，見ている高さが異なるということである（図7・3，実際には光球でも吸収線は形成されている）．

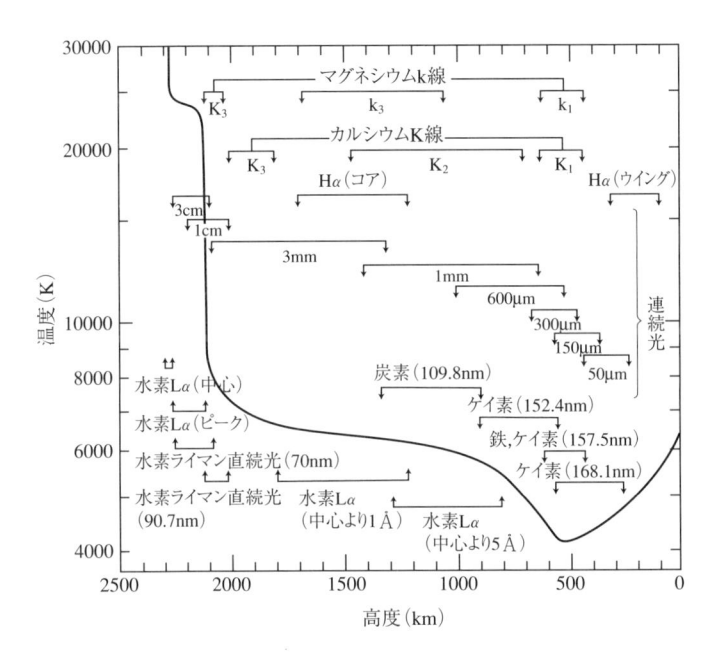

図7・3　さまざまな吸収線が形成される高さ
曲線は太陽静穏領域の光球〜彩層の平均的な温度分布．矢印で示されているのはさまざまな連続光やスペクトル線が形成されるおよその高さで，縦軸との関係はない．（Vernazza, Avrett and Roeser: Astrophysical Journal Supplement Series, 45, 635,（1981）より作成）

水素のバルマー系列である Hα（656.3 nm）は，可視光域の吸収線の中でも，電離カルシウムによる H 線（396.8 nm）・K 線（393.3 nm）に次いで深い吸収線で，彩層の状態を調べるのに最もしばしば用いられている．

7.3　リオフィルター

狭い波長域（0.1 nm 以下）しか通さないフィルターがあれば，深い吸収線

の光だけを取り出すことができ,彩層の様子を時々刻々と捉えることができるだろう.リオは1933年に,現在リオフィルターと呼ばれる複屈折干渉フィルターを考案した.通常の写真で使われるような色ガラスのフィルターでは,吸収線の幅以下の透過幅を実現することはできないが,リオは結晶の光学的な性質を巧みに利用した透過幅の非常に狭いフィルターを発明したのである.

方解石や水晶のような複屈折を示す結晶の平行平面板に光が入射すると,光は常光線と異常光線に分かれて結晶内を進む.この2つの光線に対して結晶の屈折率が異なるため,結晶を通過する光の速度に差が出て,出てくる光は波長に応じた位相差をもつことになる.この光をポラロイドのような直線偏光素子に通すと,位相差は光の強度差となり波長に対して正弦波状の透過特性を示すのである(図7・4).

複屈折結晶の厚みを増していくと,波長の透過特性は周期の短い正弦波となるため,図のように厚みを倍々にしていくと,それらを重ね合わせた結果は,狭い透過域がとびとびに存在するようなものになる.この場合,透過幅は

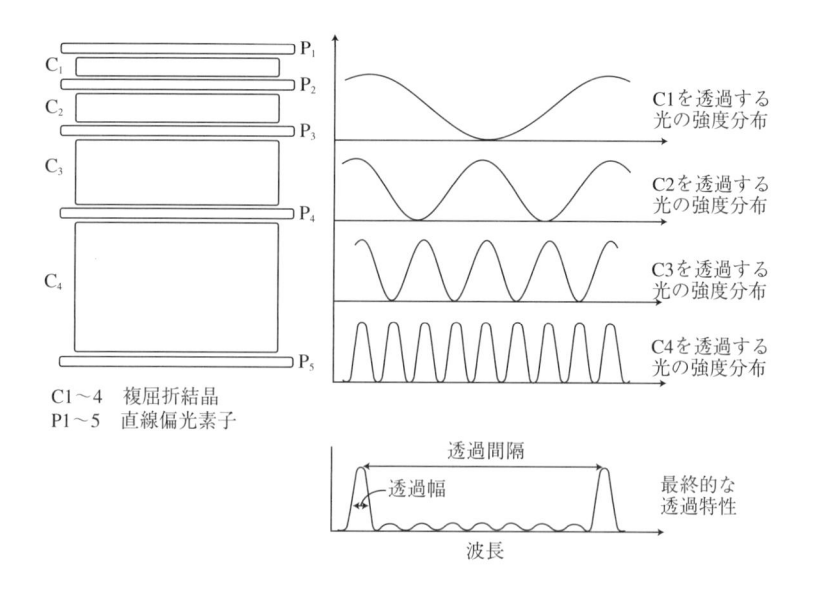

図7・4 リオフィルターの原理図
(守山史生著『太陽 その謎と神秘』誠文堂新光社(1980年)より)

7.4 磁場とガスがせめぎ合う大気

最も厚い結晶の厚みで決まり，透過間隔は最も薄い結晶の厚みで決まることがわかる．あとは，観測に必要な吸収線の波長以外の透過域を別のフィルターで取り除けば，0.1 nm 以下の透過幅をもつフィルターを作ることができるのである．このようなフィルターを複屈折狭帯域フィルターという．リオの1933年に発表した論文では，実際の製作が困難な直線偏光素子を使うことになっていたが，1938 年[2]には当時実用段階に入ったポラロイドを使ってHα線の波長における透過幅が 0.3 nm のフィルターを製作し，これによってHα線やコロナ輝線での彩層・コロナの撮像に成功した．この実績から複屈折狭帯域フィルターのことをリオフィルターと呼ぶことが多い．

リオフィルターは分光器に比べるととてもコンパクトで，しかも1回の短時間露出で太陽像を撮影することができる．そのため変化の激しい現象を動画として記録するのに適している．小型の望遠鏡に取り付けて活動的な現象のモニタ観測に使われたり，大型の望遠鏡で彩層の微細構造を時間を追って調べるなど，現在も多方面で活躍している．また最近ではその狭い透過幅を利用して，短時間で磁場の2次元像を得ることのできるビデオマグネトグラフにも使われている．

ただ，彩層や磁場の観測に有効な透過幅が 0.025 nm 以下のリオフィルターを作るには，入手が難しい厚さ 5 cm 以上の均質な結晶ブロックが必要な上，製作には高度な光学技術が求められるため，とても高価なものになってしまうのが唯一の難点である[3]．

7.4　磁場とガスがせめぎ合う大気

リオフィルターを使って水素Hα線で太陽を観測すると，ふだん見ている連続光での太陽と同じものとはとても思えない光景を見ることができる．連続光では黒点が最も特徴的で，あとは周縁部で白斑が見えたり，大気の状態がよいときには粒状斑が見えたりする程度であるが，Hα線では黒点の周囲には暗いすじ模様が見られたり，明るく輝く領域が取り巻いていたりする（図7・

---

[2] 1937年末にエーマンが，水晶板4枚+ポラロイド5枚を使った複屈折狭帯域フィルター（透過幅 5 nm）を製作し，Hα線で太陽プロミネンスを見ることに成功している．
[3] 最近では平行平面板間での多数回反射によって起こる干渉（ファブリ=ペロ干渉）を応用した比較的廉価な狭帯域フィルター（エタロン）が実用化されている．

CHAPTER7 彩層とプロミネンス

5)．また連続光では特に何もない静穏な領域にも，網状のパターン（ネットワーク構造）が見られる．彩層は光球にくらべると，ずいぶん複雑な構造をもつ大気であることがわかる．

リオフィルターの透過波長を H α 線の中心からずらせていくと，見える模様がだんだんと少なくなっていき，0.15 nm 程度離れると連続光とほとんど変わらない景色となる（図 7・6）．吸収線のできる原理から考えると，吸収線の中心から離れるほど深さ方向の見通しがよくなるわけであるから，このようにして得られる写真は彩層の高さ方向の構造を反映していると考えてよいだろう．

このようにして観測される彩層の模様は，具体的にはどのような物理状態の現れなのであろうか．彩層の平均的な温度や密度は，光球の続きとしておおまかにはわかっているが，そこに濃淡の模様が見られるということは温度や密度の平均値からの差や，見ている波長の幅が狭いことによる物質の運動状態によるものと考えられる．後者についていえば，たとえば H α 線中心で暗く見える構造があったとしても，その構造自体が，秒速 20 km で上向きに運動する

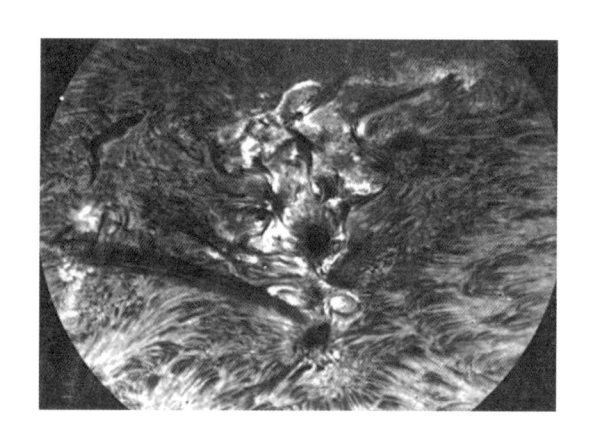

図 7・5 活動領域の H α 像（1981 年 9 月 7 日）
たくさんの筋模様が見られる．中央とその下には黒点があり，上の黒点の上部には明るくて筋模様の見えないプラージュと呼ばれる領域がある．下の黒点の脇から左に向けてサージと呼ばれるジェット現象が見られる．

（提供：京都大学飛騨天文台ドームレス太陽望遠鏡）

7.4 磁場とガスがせめぎ合う大気

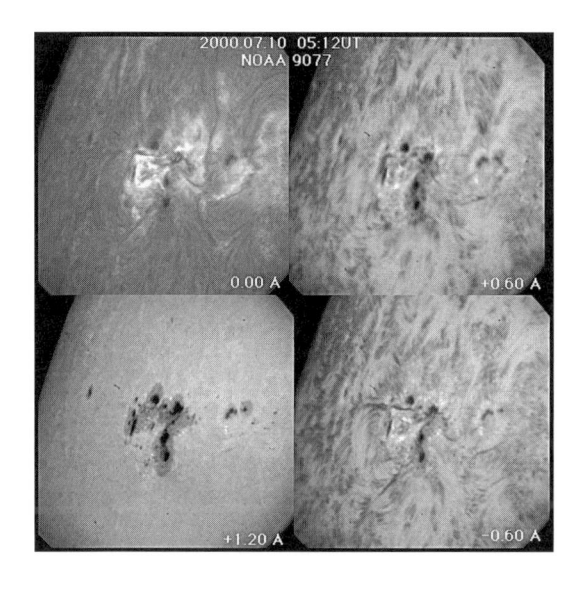

図7・6 透過波長をずらせた単色像（2000年7月10日）
リオフィルターの透過波長をずらせて撮影した太陽活動領域
（NOAA9077）．Hαから離れるにつれて模様が少なくなる．
（提供：京都大学飛騨天文台ドームレス太陽望遠鏡）

とドップラー効果によって波長が短い方に0.05 nmほどずれ，リオフィルターでは見えなくなる．つまりHα像で暗い模様が時間とともに見えなくなったとしても，その原因は温度が上がったのか，密度が減ったのか，速度をもったのかは判定できないわけである．したがって，Hα像で何が見えているのかという問題は単純ではなく，特にその時間変化がどのような原因によるものかについては，常に注意する必要がある．

Hα像で見られる特に活動領域で顕著なすじ模様は，おそらく磁力線に沿ってできていると考えられる．活動領域に見られる比較的長く（典型的には15000 km程度）伸びたすじ模様をファイブリルと呼んでいる．活動領域では磁力線が近くのN極・S極間でつながっている場合が多いと考えられ，その中で光球から約3000 km程度の高さまで，しかも光球面に水平に近い磁力線に閉じこめられた物質がファイブリルとして見えているのであろう．実際，光球面のマグネトグラフによる磁場分布との対応でも，ファイブリルはほぼN

極とS極をつなぐように伸びているようである．また光球面での磁場の向きとの比較においては，活動領域によって系統的な差は認められるものの，あまり活動的でない領域ではファイブリルはほぼ光球磁場に平行であるらしいこともわかっている．

　Hα像で見られるすじ模様は長い間，彩層磁場の様子（彩層での磁力線）を反映しているものと考えられてきた．これが確かに磁力線を示しているかどうかを直接調べるためには，彩層で形成される深い吸収線のゼーマン効果を使えばよい．これまでは広がった吸収線の偏光解析は精度的に難しい面があったが，最近では高速のポラリメーターとCCDによって精度よく偏光を測れるようになった．しかし先に黒点の説明で述べたように，ここでも観測される偏光量を磁場に直す手続きが必要で，しかも彩層吸収線は光球よりもプロファイルの計算が複雑なため，偏光から磁場への換算が一筋縄ではいかないところがある．彩層磁場の直接測定にはまだ時間が必要とされそうだ．

　黒点の周囲に見られる明るく輝く領域はプラージュと呼ばれている．この部分は，必ず近くの黒点と磁気的に組になっている．黒点はふつう反対極性をもつものが1組となって現れることが多いが，一方の黒点しか見えない場合はHα像で見ると必ずプラージュが存在し，マグネトグラフによる観測では黒点よりも広がった黒点と反対の極性をもつ磁場領域が広がっているのである．条件のよいときにはプラージュは明るく輝く点の集合に見えるが，これは磁力線が彩層に対して垂直に立っている切り口を見ているもので，したがって，プラージュ内ではファイブリルは見られない．プラージュは，周縁部に移動した活動領域でよく観測される白斑に対応している．白斑は黒点よりも細い磁束管であり，彩層の高さでも磁場の傾きはせいぜい鉛直から$30°$までであることがわかっている．そして何らかの理由で彩層の高さ付近が選択的に加熱されているため明るく観測されると考えられるのである．

　また，Hα線から少しはずれた波長で黒点の周辺を見ると小さくて明るい点がたくさん見られる．これはエラーマン=ボムと呼ばれる現象である．スペクトルではHα吸収線の両ウィングに明るい部分が細く伸びて見える．おそらく彩層の中層部付近だけが限定的に加熱・圧縮されることで起こっているものと推測される．これも磁場が関与する現象とみなされている．

7.5 スピキュール

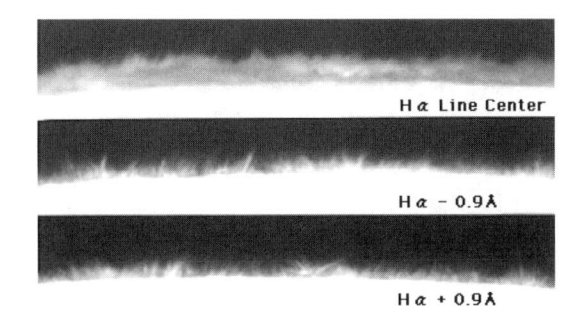

Hα Line Center

Hα − 0.9Å

Hα + 0.9Å

図7・7　Hαで見た太陽の縁の様子（1985年8月18日）リオフィルターの波長をずらせて，視線に対する速度の異なる構造を見ている．±0.9Å画像で見られる針状の構造がスピキュール．（提供：京都大学飛騨天文台ドームレス太陽望遠鏡）

7.5　スピキュール

　スピキュールは，コロナ中に突き出したように見られる小規模なジェット現象で，Hα線による太陽縁の写真ではギザギザの模様として見ることができる（図7・7）．一方太陽面の静穏領域には，Hα線から波長をずらせた（±0.07 nm程度）像で網状のパターンが見られ，ダークモットルと呼ばれていた．

　スピキュールの温度は上部彩層と同じ10000 Kくらいで，数密度も同じ$10^{17}/m^3$程度となっている．スピキュールは常に上昇下降を繰り返していて，その速度は約30 km/s，高さは5000〜10000 kmに及んでいる．1本1本の平均の寿命は5〜10分と短いが，ひっきりなしに現れるため無くなることはない．一方，ダークモットルはスペクトル観測から速度は約20 km/sという値が得られ，このことからスピキュールとは別物ではないかとも考えられたこともあったが，ダークモットルが視線に対して（30°程度）傾いた構造をもつため速度が小さく観測されるということがわかり，現在では同一の現象であることがわかっている（図7・8）．

　スピキュールは超粒状斑の周縁に分布している．超粒状斑は直径が30000 kmほどの対流の沈み込みパターンを見ているものであるが，彩層ではカルシウムのK線で観測される明るい網状の構造（ネットワーク）と一致している．K線で明るく見える構造は磁場が関与しているのだが，ガスの流れによって磁

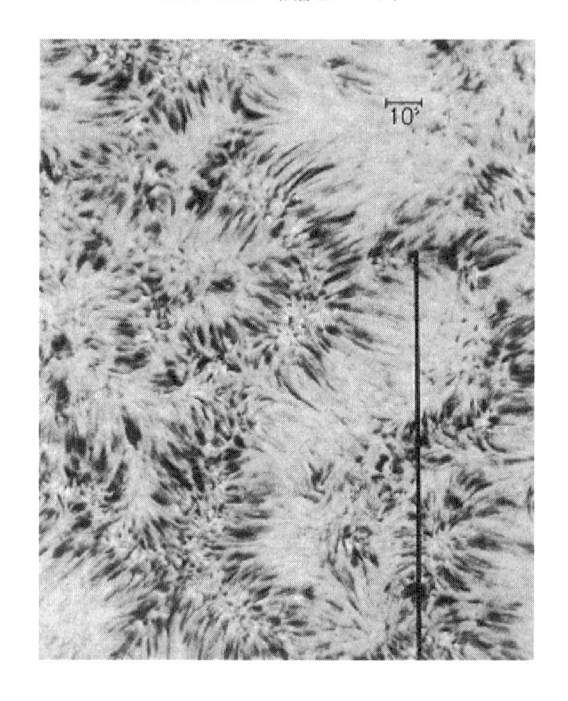

CHAPTER7 彩層とプロミネンス

図7・8 ネットワーク構造を示すスピキュール分布
Hαから波長を短い方に少しずらせて撮影したもの．黒い筋模様がスピキュールで，曲がった線に沿って両側に分かれて見えているが，これが超粒状斑境界に相当するネットワーク構造．写真中の黒い線は分光器のスリット．
（提供：京都大学飛騨天文台ドームレス太陽望遠鏡）

場が超粒状斑の境界に掃きよせられているものと考えられる．光球でも少し上層なら，磁場に対応している明るい点が見られ，ネットワーク輝点と呼ばれている．スピキュールは掃きよせられた磁場と関係がある現象と考えられる．理論的には磁力線に沿った波が光球から彩層に伝わり，彩層を勢いよく持ち上げるような描像である．ただ，それがどのような原因による波（衝撃波，アルベーン波，§8.7, 8.8）なのか，磁場がどう関与しているかについて，観測的にはまだ明らかにはされていない．

またスピキュールは絶えず見られる現象であるため，コロナ加熱に寄与しているのではないかという考えもある．コロナの構造と超粒状斑，スピキュー

7.6 遷移領域

コロナ

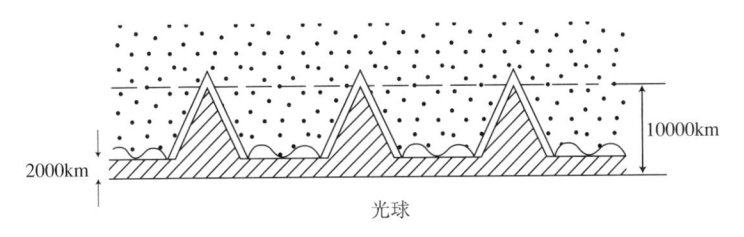

図 7・9 彩層とスピキュールの構造モデル

ル，微細磁場の対応が明らかになれば，光球からコロナへのエネルギー輸送についての新しい知見が得られる可能性があるだろう．

皆既日食の際のフラッシュスペクトルの観測によると，光球からの高さが 2000 km くらいまではコロナ輝線を見ることができる．つまり彩層にはコロナが入り込んでいくすきまがあるわけだ．スピキュールの足元はこのあたりに存在するのであろう．このことから光球上空の構造は次のようにまとめることができる（図 7・9）．

　　底部：光球から連続する比較的均質な彩層（光球面から 2000 km 程度，
　　　　4400 K～7000 K）
　　上部：スピキュールなど磁場が支配的な不均質な構造（2000～10000
　　　　km まで，10000 K）

そして，次節で述べる極めて薄い遷移領域を経てコロナにつながっていくことになる．

7.6 遷移領域

彩層の代表的な温度は 7000～10000 K 程度と推定されるが，そのすぐ上層に当たる底部コロナは 100 万 K にもなっており，彩層は薄い境界面を隔ててコロナと接していることになる．この境界面を遷移領域と呼んでいて，厚さは 100 km 以下と推定されている．この薄い領域内では，内から外に向かって温度が約 2 桁上昇するのに対して密度は約 2 桁減少していて，圧力はほぼ一定となっている（図 7・10）．

遷移領域の研究には宇宙空間における観測が必要となる．というのは，

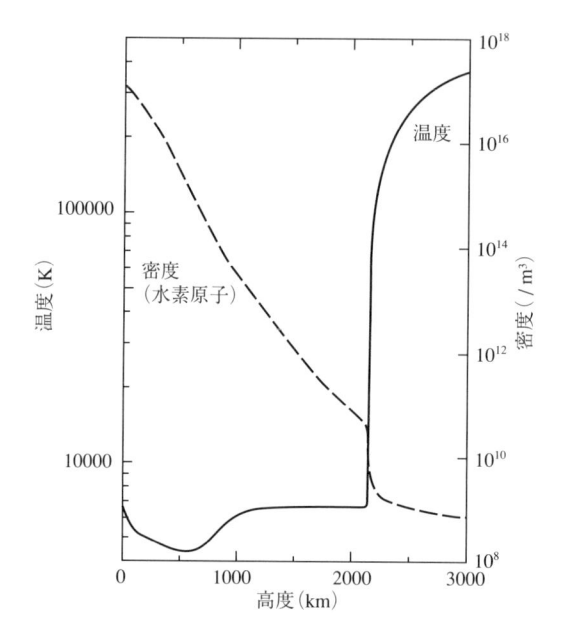

図 7・10　遷移領域での温度・密度の高さ方向の変化
温度は，高度 0 km で約 6000 K，彩層底部の高さ 500 km で温度最小値（約 4400 K）をとり，彩層を通じて約 7000 K．高度 2150 km 付近で温度が 2 桁弱一気に上昇しコロナへと到る．密度は光球から彩層では単調に減少するが，やはり 2150 km 付近で 2 桁弱急激に下がる．(Avrett and Roeser: Astrophysical Journal Supplement Series, 175, 229, (2008) より作成)

10000〜100 万 K と見られる遷移領域の温度で発せられる輝線は，ほとんどが波長 150 nm 以下の極紫外領域にしか存在しないからである．波長が 350 nm より短い極紫外線は，地球大気によって遮られてしまい，そのおかげで私たちは地表で暮らすことができるのだが，彩層上部からコロナといった太陽の高温領域を研究するためには妨げとなってしまうわけだ．遷移領域の観測は 1970 年代のスカイラブから始まり，現在では SOHO や TRACE といった太陽観測ステーションによる高い空間・時間分解能の観測が常時行われるようになっている．

　SOHO による遷移領域の観測では，ブリンカーと呼ばれる現象が見つかった．10 万〜25 万 K で形成されるスペクトル線で数分から 10 数分の間，5000 km 程度の規模で明るい構造が現れるのである．出現するのはネットワーク付

近で，磁場と関係しているようであるが，ブリンカーが起こっている間には磁場はそれほど変化しないらしいことがわかった．また最大 25 km/s ほどの下降運動が観測されている．見える場所と継続時間から，ブリンカーは上昇したスピキュールのガスが下降しているものに対応しているのではないかとも考えられているようである．

7.7 プロミネンス

Hαのフィルターを通すと彩層の様子を見ることができるが，太陽の縁から外にはみ出したような構造も見ることができる．木の枝のような形のものやアーチ橋のような形のものなど，実にさまざまな形をしている．これがプロミネンス（紅炎）である．一方，太陽面には，にょろにょろと長く伸びた暗い構造も見られ，これをダークフィラメント（暗条）と呼んでいる．太陽の自転によってダークフィラメントが太陽の縁に達すると，空を背景にプロミネンスとして見えるようになる（図7・11）．つまり，プロミネンスとダークフィラメントは同じものである[4]．これは，キルヒホッフとブンゼンがナトリウム蒸気で実

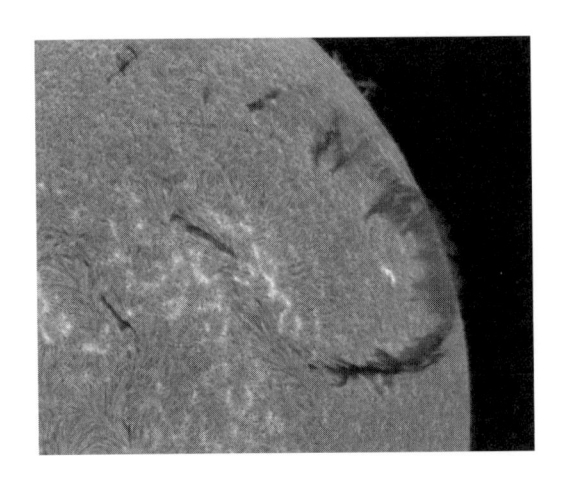

図7・11　プロミネンスとダークフィラメント（2004年1月20日）
（提供：BBSO/NJIT）

---

[4]　したがって以下では見え方にかかわらず「プロミネンス」を使う．

験したのと，まさに同様の現象として理解できるであろう（§5.3）.

　プロミネンスは変化がゆっくりで長期間安定して見られる静穏型プロミネンスと，変化が速く比較的寿命の短い活動型プロミネンスに大まかに分類される．さらに静穏型プロミネンスは，静穏領域に見られるものと活動領域に見られるものに分けられる．

　静穏型プロミネンスのうち静穏域に見られるものは，高さが5万km前後，幅が1万km前後，長さが20万〜60万kmに及ぶ．高さ・長さに比べて幅は小さく，例えていうと屏風のような感じである．太陽の半径が約70万kmであるから，長さ的にはそれに匹敵するスケールをもつ場合もあるわけだ．活動域プロミネンスは，高さが1万km程度，長さが約5万kmと静穏域プロミネンスに比べるとずっと小規模で，寿命は静穏域プロミネンスが1ヵ月〜数ヵ月，活動域プロミネンスが1日〜1週間程度である．プロミネンスはどちらかというと，みかけはじっとしているものなのである．高緯度に現れる寿命の長い大規模な静穏域プロミネンスは，太陽が何回も自転する間に差動回転によって経度方向に引き伸ばされ，太陽一周をぐるりと取り巻くようになり，その場合には極冠プロミネンスと呼ばれることもある．

　活動型プロミネンスは，活動領域におけるエネルギー解放現象などにともなって一時的に出現するもので，寿命は数分から数時間程度である．形によって上昇紅炎，サージ，コロナレインと呼ばれるものなどがある．上昇プロミネンスはフレアに伴って大気下層からガスが吹き上がるように見えるもの，サージは活動領域に浮上してくる磁場と元の磁場との相互作用でガスが細くジェット状に伸びるもの，コロナレインはコロナ中のガスが凝縮してループ状に流れ落ちるように見えるものである（図7・12）.

　次節以降では静穏型プロミネンスについて述べ，活動型プロミネンスはフレアのところ（§9.3）で触れることにする．

7.8　プロミネンスのスペクトル

　プロミネンスのスペクトル観測から，その温度や密度・運動の様子を知ることができる．静穏型プロミネンスでは$H\alpha$線をはじめとする水素のバルマー系列や，カルシウムのH・K線，そしてヘリウムD_3線やナトリウム・マグネ

7.8 プロミネンスのスペクトル

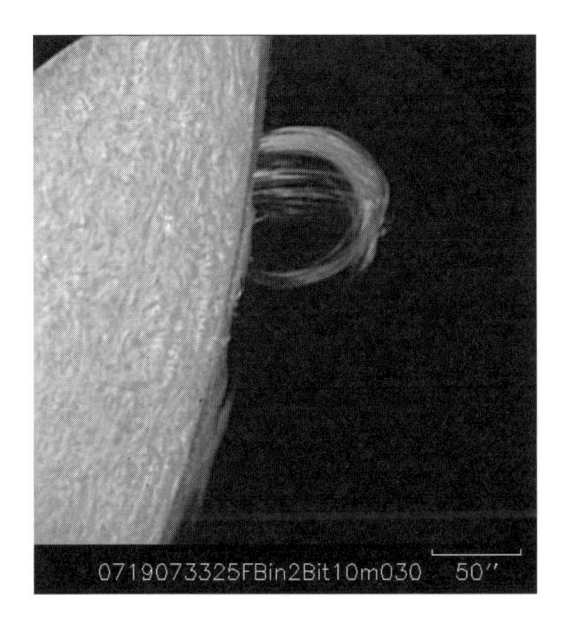

図 7・12 コロナレイン（2012 年 7 月 19 日）
（提供：京都大学飛騨天文台ドームレス太陽望遠鏡）

シウムなどの輝線が見られる．スペクトル線の幅からは，プロミネンス内でのランダムな運動の速さが数 km/s であることがわかる．温度と数密度については彩層上部とほぼ同じで，およそ数千〜10000 K・10^{16}〜10^{17} /m^3 程度と見積もられている．水素やカルシウムの輝線の出方については彩層と同列に考えればよいが，ヘリウムや金属の輝線が出る理由については少し考察が必要である．

プロミネンスは何もない太陽の上空に浮かんでいるように見えるが，実際は温度が 100 万 K 以上，数密度が 10^{14} /m^3 程度のコロナに取り巻かれている．つまりプロミネンスは 100 倍も温度が高く，100 倍も密度の低い物質の中に浮かんでいるわけだ．圧力は密度と温度の積できまるから，この点ではほぼバランスはとれているわけであるが，プロミネンスが周囲の高温にもかかわらず蒸発もせず，周囲より重いのに落下もせず，どうして数十日もの寿命を保つことができるのであろうか．まず蒸発しない理由を調べよう．

100 倍も温度の高いコロナに取り巻かれていたら，プロミネンスはたちまち

蒸発してしまいそうであるが，そうならない理由は主に2つある．1つは，プロミネンスはコロナに比べて密度が高いため，コロナから熱を受け取っても，それをたちまち光のエネルギーとして放射してしまうのである．つまり熱をため込むことがないわけだ．もう1つは，後で述べるようにプロミネンスには弱い磁場が存在するが，プロミネンスとコロナの境界面に磁場が通っていると，それを横切る方向への熱伝導が妨げられるのである．つまり磁場のさやにつつまれているため，プロミネンスは蒸発することがないわけである．

以上のことから，プロミネンスの温度は熱的には主に光球からの放射で決まっていることになる．そのため水素やカルシウムのスペクトルについては彩層と同じような様子となる．しかしながら，プロミネンスは光球などに比べると非常にスカスカなため，コロナからの紫外線はプロミネンスをかなり奥深くまで照らすことができる．そのため紫外線が射し込む領域では，プロミネンスを作る物質は励起や電離されて，ヘリウムD_3線や金属イオンのスペクトル線が形成されるのである．このような理由でプロミネンスからは，自身の温度不相応にさまざまな輝線スペクトルが観測されるわけである．

7.9　プロミネンスをささえるもの

次はプロミネンスが落下しない理由である．周囲のコロナより100倍も重いプロミネンスはどうやって長期間浮かんでいられるのであろうか．ここでも磁場が重要な役割を果たしていることがわかった．

プロミネンスの足元の磁場を測定すると，プロミネンスをはさんでN極とS極が存在することがわかる．このことからごく単純に考えると，アーチ状の磁力線に引っかかったガスが，その重みで磁力線をたわませてアーケード状につながっているのがプロミネンスだといえるだろう（図7・13）．

実際には，プロミネンスの造りはかなり複雑であり，またプロミネンスの磁場は非常に弱くなかなか正確に測定することができない．現在のところ，プロミネンスの磁場構造には大きく分けて2つのパターンがあることがわかっている．それは足元のN極・S極の分布に対して，プロミネンス中の磁場の向きが同じか違うかである．

先に述べたモデルは足元と上空で磁場の向きがそろっていたが，キッペンハ

7.9 プロミネンスをささえるもの

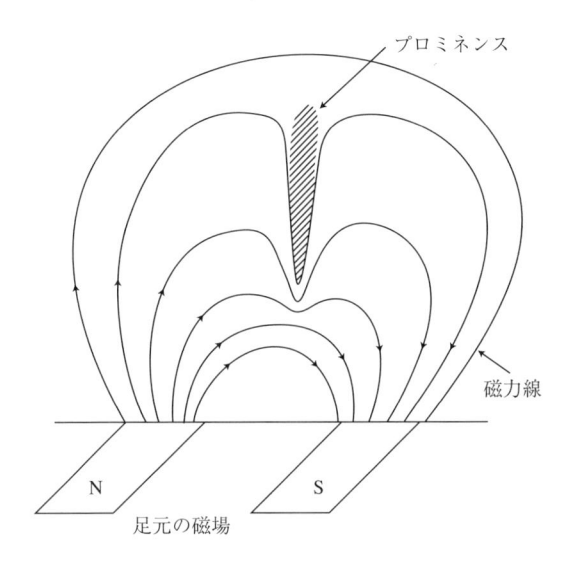

図7・13 プロミネンスのごく素朴なモデル

ーンとシュルーターが提唱した（1957年）このモデルをキッペンハーン=シュルーター（KS）型という．原理としてはプロミネンスの軸に沿って流れる電流と磁場により発生するローレンツ力によって，プロミネンスを支えようというものだ．

一方，プロミネンス形成までの過程で，磁場がねじれてつなぎ変わったような場合には，極性が足元とプロミネンス内で逆になる場合も起こり，そのようなタイプは提唱者の名前からクッペルス=ラドゥ（KR）型と呼んでいる（1974年）．この場合プロミネンスは高さによって変化する磁力線の張力によって支えられることになる（図7・14）．

プロミネンスの物理状態を解明するためには，磁場の測定が重要である．ところがプロミネンスの磁場の強さは5ないし10G程度と考えられ，ゼーマン効果はほとんど検出することができない．プロミネンスは光球からの光を散乱しているため太陽の縁に平行に直線偏光しているが，弱い磁場が存在すると偏光面が回転するため偏光度が減少する．このような現象をハンレ効果というが，これを応用すればプロミネンスで予想される弱い磁場を検出できると考え

CHAPTER7　彩層とプロミネンス

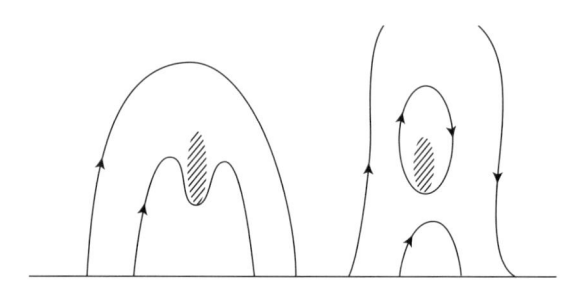

図 7・14　KS モデル（左）と KR モデル（右）
斜線の部分が目に見えるプロミネンス．足元とプロミネンス本体との磁場の向きが KS モデルだと同じ，KR モデルだと逆になる．

られる．ただ，プロミネンスがどのように光を散乱しているかのモデルを設定しないといけないため，答えが一意には出しにくいものもあるなど難しい面もある．

7.10　プロミネンスの形成と消失

プロミネンスのガスを支えるのには，磁場が重要な役割を果たしていることがわかったが，ガスはいったいどのようにしてプロミネンスの場所にたまったのであろうか．これには大きく 2 つの過程がありそうだ．1 つは彩層からガス

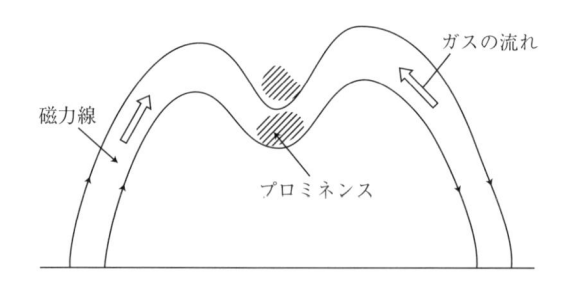

図 7・15　プロミネンスのサイフォンモデル
磁力線の上部で温度が下がることで圧力も下がり，彩層からガスが吸い上げられて磁力線のへこみにガスがたまるというモデル．

7.10 プロミネンスの生成と消失

を持ち上げること，もう1つはコロナのガスを凝縮させることである．

最初の過程は，なんらかの原因で磁力線ループのてっぺんの温度が下がれば，そこでの圧力も下がって，ちょうどサイフォンのように彩層からガスを吸い上げるというものである（図7・15）．そしてうまくてっぺんにガスがたまるようなことがあれば，その重みで磁力線がへこんでますますそこにガスがたまり，プロミネンスができ上がるというわけである．この過程では，ループの一部の温度を下げるとか，うまくガスがたまるとか，条件的には少し厳しいものがある．

もう1つの過程では，磁力線のつなぎ変えなどをきっかけにコロナのガスが凝縮され，いったん凝縮が始まると放射効率が増えるためガスが冷え，やがてプロミネンスとなるというものである．プロミネンスのまわりでは，コロナが薄くなっていることが多く，これもプロミネンスを作るガスがコロナから供給されていることを示唆している．ただし，先に述べたようにプロミネンスはコロナよりも100倍も密度が大きいため，この方法だけでプロミネンスを作ろうとすると，100倍以上の体積のコロナが必要となるわけで，これは観測とはうまく整合しない．

おそらく実際のプロミネンスは2つのプロセスが組み合わさって形成されると考えられるが，それを確かめるにはプロミネンスが形成される過程での磁場とガスの運動を観測する必要がある．プロミネンスがいつ形成されるかを予測することは不可能なので，見張っていてプロミネンスが出現し始めたらなるべく早く観測を始めるしかない．

プロミネンスでガスがどのように流れているかを観測すれば，プロミネンスがどのように維持されているか，ひいてはその形成過程についての知見が得られるのではないだろうか．プロミネンスのガスの流れを観測すると，プロミネンスに沿って一方向に流れているといった例もあるが，足のように見える部分については上昇運動と下降運動が交錯しているといった例もあって，さらに詳しい観測が必要だと思われる．プロミネンスは細い磁束管がアーケード状につながったもので，そのひとつひとつを分解して観測することができていない可能性がある．

次にプロミネンスの消失であるが，それには大きく分けて2通りあるよう

CHAPTER7 彩層とプロミネンス

図 7・16 噴出型プロミネンス（1991 年 7 月 31 日）
1992 年 7 月 31 日に起こった．プロミネンスが惑星間空間に飛び去ろうとする様子．
(提供：国立天文台太陽観測所)

だ．1つは，プロミネンスがバラバラになって落ちていくように見えるものである．おそらくプロミネンスを支えている磁場が変形することで，ガスを支えきれなくなって崩壊するものと考えられる．

もう1つは，プロミネンスが突然飛び去ってしまう現象である．これは噴出型プロミネンスと呼ばれるが，プロミネンスを支えている磁場が他の磁場と相互作用することによってつなぎかえられ不安定になって，惑星間空間に向かって広がってしまう様子が見えているものと思われる（図 7・16）．

いずれにせよ，形成プロセス同様，消失プロセスにも不明な点がまだ多く残されており，変化途中の磁場や運動の様子の精密観測が重要となるだろう．

● COLUMN4 ●

私が使った太陽望遠鏡（その1）
太陽クーデ望遠鏡（国立天文台岡山天体物理観測所・標高 350 m）

　山陽本線で新倉敷から西に向かうと，金光と鴨方の間で進行方向右手に連なる山の稜線にドームが並んでいるのが望見できる．これが岡山天体物理観測所で，このうち最も下にある白いドームに太陽クーデ望遠鏡が設置されていた．
　この望遠鏡は現在供用終了となっているが，飛騨天文台のドームレス太陽望遠鏡が完成するまでは，国内で唯一の本格的な分光観測が行える太陽望遠鏡であった．この望遠鏡には 1982 年に太陽磁場を観測するベクトルマグネトグラフが装備された．大学4回生の研究テーマで黒点磁場を選んだことから，太陽活動現象と磁場との関係を研究したいと考え，当時国内で唯一太陽磁場を恒常的に観測することができる，この望遠鏡を利用させていただくことになったのである．

岡山天体物理観測所太陽クーデ望遠鏡

CHAPTER7 彩層とプロミネンス

　光電管を使用したベクトルマグネトグラフは，観測に入るまでの調整がけっこう複雑だった．微弱な偏光を観測するために，光学系での補正を完全にしておかないといけないからである．しかし，いったん観測がスタートすれば，望遠鏡が自動的に太陽面をスキャンして，データが取り込まれ，雲がくると自動的に休止してくれた．観測自体にあまり手がかからない分，論文を読んだり先生と議論したりする時間が取れるのがありがたかった．ここで蓄積されたデータと，飛騨天文台で撮られたHα像を比較して，光球〜彩層の立体的な磁場構造を推定するという仕事をした．

　岡山天体物理観測所は当時国内最大の188 cm望遠鏡による夜の観測がメインで，太陽の観測前に朝食のために食堂に行くと，夜の観測を終えた人たちがくつろいでいるのによく遭遇した．なんだか夜寝ていたのが申し訳ないような気分に襲われたものであった．

ベクトルマグネトグラフの偏光解析装置
左から入射スロット，補鏡用補償装置，クーデ鏡用補償装置，回転波長板．これらを通った光が分光器に送られ偏光シグナルとなって記録される．

CHAPTER 8
コロナ

8.1 未知元素・コロニウム

　1869 年 8 月 7 日に北アメリカ大陸で見られた皆既日食の際，コロナの分光観測が初めて行われ，ヤングとハークネスはコロナ連続スペクトル中に太陽本体のスペクトルには見られない緑色の輝線を発見した．この輝線の波長は 530.3 nm と測定されたが，それまでに知られていたいかなる元素による線とも一致しないものであった．そのため太陽コロナには未知の元素が存在すると考えられ，コロニウムと名づけられた．その後の日食観測における分光観測でも別の輝線（赤色 637.4 nm，黄色 569.4 nm など）が次々と発見されたが，これらもそれまでに知られた元素による線とは一致せず，謎は深まるばかりであった（図 8・1）．

　1869 年にロシアのメンデレーフが元素の周期律を発見し，周期表を作成した．以来 20 世紀にかけて周期表を埋める元素が次々と発見されていった．ところが，周期表にはコロニウムの落ち着く席がどうも見あたらないことが明らかとなってきたのである．そうなるとコロニウムは未知の元素ではありえないわけだが，それならどの原子やイオンがどのような機構で輝線を放っているのかを考えていく必要がある．

　太陽の表面温度は，6000 K 程度であることが 20 世紀に入る頃にはすでに知られていて，その外側に広がるコロナはもっと低温であるはずだと考えられていた．数千 K 以下の状態にある原子やイオンのスペクトル線の性質は，当時ほとんど調べ尽くされていたので，コロナの物理状態を考え直さないといけないのである．

CHAPTER8 コロナ

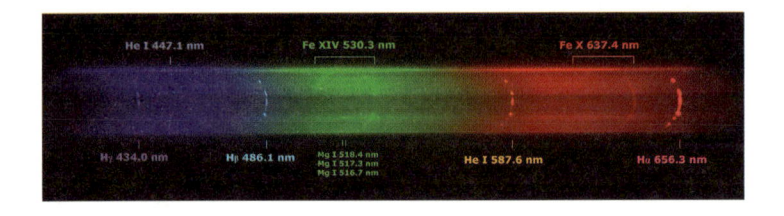

図 8・1 コロナのスペクトル
皆既中のコロナを，スリットを用いずに分光したもの．彩層に起因する水素のバルマー線やヘリウム D_3 線がはっきり見えているが，緑（530.3nm）と赤（637.4nm）のところにコロナの形にぼんやりと見えるのがコロナ輝線によるもの．
（提供：Miloslav Druckmüller）

8.2 コロナグラフの発明

　ところがコロナの研究は遅々として進まなかった．皆既日食は滅多に起こらない上に，天文台など設備が整った場所を日食帯が通ることもまれで，ほんの数分のチャンスに限られた機材で観測が行われていた．皆既日食時以外でもコロナを観測したいというのが太陽研究者の悲願であった．

　では，どうしてコロナは皆既日食のときにしか見ることができないのだろうか．コロナの光はけっして弱いわけではなく，おおよそ太陽本体の 100 万分の 1 程度，すなわち満月くらいの明るさをもっている（図 8・2）．昼間の青空に月が見えることがあるので，それくらい光が出ているなら，なんとか観測できてもよさそうだ．ところが，コロナはまぶしく輝く太陽を取り巻いているため，ちょうど強力なヘッドライトの縁に止まった蛍の光が見えないのと同じ理由で見ることができないのである．

　では，まぶしい太陽をおおってしまえばなんとかなるか，というとそうもいかない．昼間の空が明るいのは，太陽の光が地球の大気によって散乱されていて，空にまんべんなく光を行き渡らせているおかげであるが，この散乱光が邪魔をするのだ．いくら地球大気の底で太陽をおおっても，すでにコロナが出す光は地球大気の散乱光に負けてしまっているのである．

　ところが，コロナ輝線となると話は変わってくる．コロナ輝線はコロナの連続スペクトルから突出して光を出している．平地では無理としても，高い山の上では平地よりも頭上にある空気の量がずっと少なくその分散乱が減るため，

8.2 コロナグラフの発明

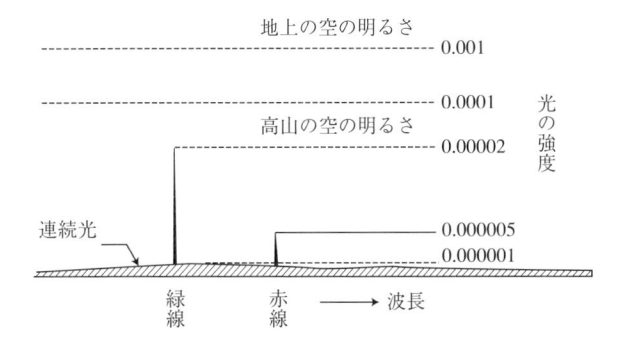

図 8・2 コロナの連続光・輝線と空の明るさとの比較
光の強度は太陽本体を1としたときの値.下の網のかかった部分が
コロナの連続光,輝線である緑線・赤線は連続スペクトルから突出
している.

場合によっては散乱光に打ち勝ってコロナ輝線が見える可能性があるのだ(図8・3).

　散乱光を取り除きコロナ輝線のみで観測すれば,日食時以外でもコロナが見えるはずだ,と確信したのがリオであった.リオは,散乱光の原因は望遠鏡の中にもあると考え,それを徹底的に取り除く光学系を発明した.リオはまず対物レンズを工夫した.ふつう対物レンズは2枚以上のレンズを組み合わせて,色付きや像の乱れを減らすのであるが,レンズ面が増えるとそれだけ散乱光が増えるため,リオはあえてレンズを1枚のみにし,しかも吟味したガラス素材をわずかな傷もないように磨き上げた.ついで,焦点にできる太陽の円盤像を金属のコーン(オッカルティングディスク)でおおいかくし,その光は鏡筒内部に吸収させてしまうようにした.さらに対物レンズの周囲から回り込む回折光を視野レンズで結像させ,絞り(リオストップ)でさえぎることにしたのである(図8・4).

　こうして考案されたコロナグラフは,結果として見れば非常にシンプルな機構であるが,コロナ観測のさまたげとなる原因をひとつひとつ緻密に取り除き,合理的な解決をした装置であることがわかる.あとは,大気の散乱光だけが問題だ.1930年7月,リオは試作となったコロナグラフを,空気の清澄なピレネー山脈のピック=デュ=ミディ天文台(標高2870 m)に運び上げ,分光

CHAPTER8 コロナ

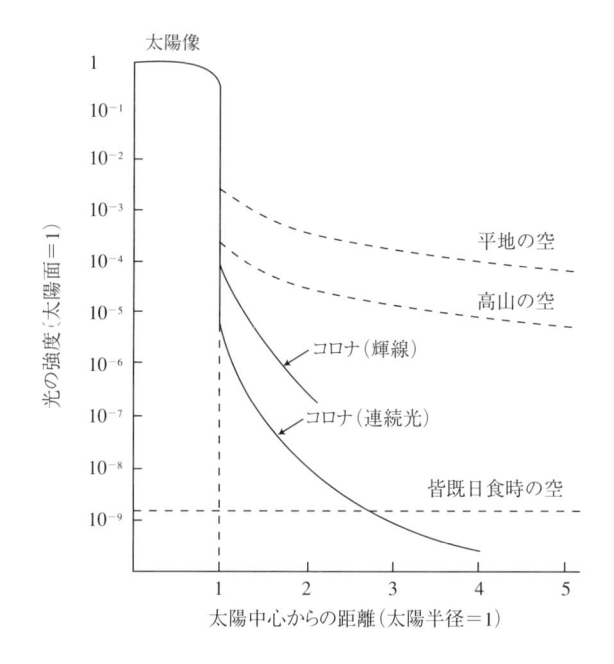

図8・3 太陽のまわりのコロナと空の明るさ分布
光の強度は太陽本体を1としたときの値.横軸は太陽半径を1としたときの太陽中心からの距離を表す.

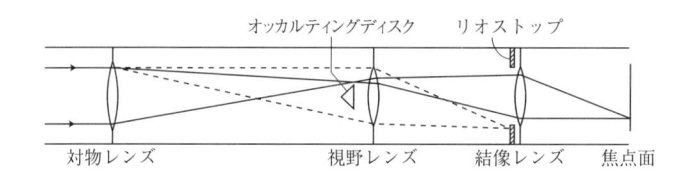

図8・4 コロナグラフの原理

器を使ってコロナが発する緑色輝線を観測することに成功した.日食外コロナ観測の成功は天文学史に残る偉大な成果といえるだろう.この発明によってコロナの常時観測が可能となり,コロナのさらなる探究への道が開かれたのである.

8.3 コロナは超高温か？

　コロナの観測事実が集まってくると，コロナは途方もない高温ではないかと考えられるようになってきた．まず，先に述べたコロナ輝線であるが，太陽本体で観測される吸収線と比較して，その幅は著しく広くなっている．これはコロナ中で発光している原子がものすごい速度でランダムな運動をしていることを意味し，温度が極めて高いことを示している．たとえば，リオが測定した530.3 nm の緑色輝線は幅が 0.08 nm もあり，これがもし水素原子によるものならば 3 万 K，酸素だとすると 500 万 K にも相当することになる．

　また，皆既日食時に観測されるコロナは，少なくとも太陽半径の数倍以上に広がって見えているが，もしコロナの温度が低いとすると，太陽の重力に負けてしぼんでしまうはずなのである．大気の広がりは，気体が熱運動で逃げていこうとするのを，重力が引きとめようとするバランスによって決まっている．太陽のコロナがとても大きく広がっているのは，コロナを作っている物質が太陽の重力に対抗するだけの熱運動をしているからなのだ．

　それから，コロナの偏光を調べると，特定の向きに強く偏光していることが観測され，また連続スペクトルの強度分布は光球そのものの分布を反映している．このことから，コロナは自由電子による波長に依存しない散乱（トムソン散乱）によって光っていることがわかるが，この自由電子がどこから供給されたのかも問題となる．もし外のコロナの方が光球より温度が低いとすると，そこではほとんどの原子は電離していないはずである．自由電子が多く存在するためには，コロナはほとんどの物質が電離した高温プラズマ状態であると考えないといけない．さらに，コロナの連続スペクトル中には光球で見られる吸収線が観測されない．このことは，コロナが高温であるため自由電子が激しく運動をしていて，光を散乱する際に視線に対してさまざまな速度をもつために，ドップラー効果によって吸収線がならされてしまうためだとすると説明できるのである．

8.4 コロナは超高温！

　1930 年代にエドレンは，高い温度のためにたくさんの電子をはぎ取られた（高階電離した）原子のスペクトルを調べていた．1940 年にグロトリアンは，

エドレンの研究成果に基づいて，コロナ輝線のうち波長637.4 nmの赤い輝線は，電子を9個失った（9階電離した）鉄が放つものではないかという推察を発表した．これを受けたエドレンは9階電離した鉄が637.4 nmの輝線を放つことを実験的に確認し，さらに530.3 nmの緑線が13階電離した鉄から放射されることを証明したのである．こうして未知の元素コロニウムの正体は，鉄やカルシウムといった普通の元素が高階電離したものであることが明らかとなった．ヤングとハークネスによるコロナ輝線の発見から70年に及んだ太陽物理学上の難問がついに解き明かされたわけで，これは画期的な仕事であった．しかし，同時にこれは現在なお解決されていない次なる大問題を生むことになった．

宮本は電離平衡の計算を行って，コロナに高階電離したプラズマが存在するためには100万Kという温度が必要であることを理論的に明らかにした（1943年）．しかしながら，コロナの外側には熱源などない惑星間空間が広がっているだけなので，当然コロナを熱くしているのは太陽本体ということになる．せいぜい6000Kの光球の外側にどうして100万K以上もあるコロナが存在することができるのであろうか．

8.5　コロナの100万Kの意味

ここで温度の意味を考えておこう．私たちは，温度といえば熱いとか冷たいとかいった皮膚感覚に対応しているものと思いがちであるが，宇宙ではそれは常識としては通用しない．私たちの身の回りの物質は，宇宙的にいうとかなり密であって，単位体積に蓄えることのできる内部エネルギーは桁違いに大きいのである．

表8・1　代表的なコロナ輝線

	波長（nm）	イオン	電離エネルギー（eV）	電子温度（万K）
緑線	530.286	FeXIV*	355	190
黄線	569.442	CaXV	820	250
赤線	637.451	FeX	23	120

* 原子の電離状態を示すのに，元素記号にローマ数字を添えて表す．電離していない中性原子の場合はI，1階電離している場合はIIとなる．FeXIVは13個の電子を失った鉄．

8.6 コロナを熱くする—磁気流体波仮説

　物体がもつ内部エネルギーは，温度だけではなく密度にもよっている．つまり温度がいくら高くても密度が小さければ，その物体がもつことのできる内部エネルギーは小さいのである．コロナは高温ではあってもとても希薄で，密度が地球上の物質に比べて11桁，光球に比べても7桁も小さいので，私たちには熱いとかいう感覚は与えないことであろう．つまりコロナは100万Kというものの，コロナ中に私たちが使うような温度計を持ち込んでも100万Kは指さないことになる．コロナの温度は原子の電離状態や熱運動の激しさから決定されているわけで，温度計には反映しない種類のものなのである．たとえば，太陽表面から太陽半径程度離れたところに，温度計を置いたとすると，光球からの熱放射と平衡になってコロナとは関係なく3000K程度の値を指すことになる．

8.6　コロナを熱くする—磁気流体波仮説

　熱いコロナがいつも存在することから，そのエネルギーについては以下の条件が求められる．
　①光球または光球下で十分な量が間断なく発生し上層に向かうこと
　②コロナ中まで損失少なく運ばれ，彩層などで反射・吸収されないこと
　③コロナ中でうまく熱エネルギーに変換されること
　まず，光球からの光のエネルギーであるが，コロナは希薄であり光に対してはほとんど透明であるため，コロナを加熱することはできない．したがって光以外の別のエネルギーを注入する必要がある．
　コロナは非常に高温なので，ほとんどの原子はイオンと電子の状態に分かれたプラズマ状態になっている．太陽面には，ほぼ全面に磁場が存在すると仮定し，磁場とプラズマの相互作用で発生する波のエネルギーによってコロナを加熱するというのが，アルベーンの磁気流体波仮説（1944年）である．プラズマ中で起こる磁場の変化は，それを妨げる電流を発生し，その影響が隣接する磁場の変化をもたらし……という変化が伝わっていく現象を磁気流体波（アルベーン波）と呼ぶが，これが光球下の対流運動により発生し，コロナ中に伝搬したところで電流が熱に転換されるという仮説である．
　バブコックの観測（1955年）で，太陽に一般磁場が存在することが明らか

となり，磁気流体波が太陽のほとんど全体で存在しうることは明らかとなった．しかし磁気流体波の性質を詳しく調べたところ，コロナのような希薄な状態では，電流から熱へのエネルギー転換は効率よく行われないことが判明し（ピディントン，1956年），また光球下でアルベーン波が発生してもその場ですぐに減衰してしまって，十分なエネルギーをコロナまで届けることが難しいことも明らかとなった（オスターブロック，1961年）．このためアルベーンの仮説はしばらくお預け状態となってしまうことになる．

8.7 コロナを熱くする―音波衝撃波仮説

1948年にビヤマンとシュバルツシルトは，光球で見られる粒状斑がコロナ加熱のエネルギー源ではないかと考えた．先に紹介しているように，粒状斑は太陽内部からのエネルギーが対流によって運ばれてきているその最上面を見ているわけであるが，ここでのガスの運動が乱流的になる結果，ある種の音波（ライトヒルの乱流騒音）を発生し，これがコロナ中に進むという理論である．彩層からコロナにかけては大気の密度が急激に減少するために，音波は進むにつれて次第に振幅が増えついには衝撃波面を作る．その面が通過していく際に，コロナのガスの運動エネルギーは熱に転換されるのである．この過程ではコロナの温度は衝撃波面の通過によって必ず上昇するため，加熱の機構としては都合がよい理論といえる．

この音波衝撃波仮説には特に欠陥はなく，適当な大気モデルと放射による損失などを考慮した計算によって，広い範囲で均一に加熱された100万Kのコロナの存在を説明できることがわかった．

8.8 不均一なコロナの構造

皆既日食の際に見えるコロナには，刷毛で掃いたような流線やループのような構造が見られる．また太陽の極付近と赤道付近では明らかに構造が異なって見えている．光球や彩層は広い目で見るとほぼ一様な構造をもっているが，コロナは決して一様ではないのである．

そのことは1970年代になって行われるようになった，宇宙空間からのコロナ観測でますますはっきりしたものになってきた．1973年に運用されたスカ

8.8 不均一なコロナの構造

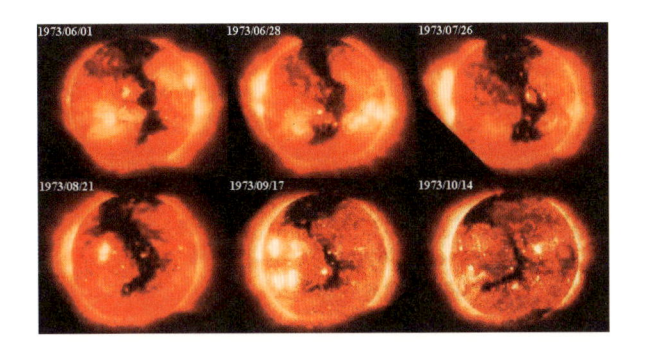

図8・5 スカイラブによるコロナ像
明るく見える部分は活動領域に対応している．黒々としたイタリア半島のような部分がコロナホール．自転6周分が示されているが，形の変化は少ないことがわかる． （提供：NASA）

　スカイラブによって，地上には届かないX線および極紫外線による太陽の撮影が行われた（図8・5）．X線や極紫外線では100万Kのコロナは強く輝いているが，一方光球はまったくといっていいほど光っていないため，太陽の正面にあるコロナを見ることができる．皆既日食やコロナグラフの場合は，月やオッカルティングディスクに隠された縁にあるコロナしか見ることができないので，その3次元的な構造や活動領域などとの関連を明確に知ることが難しかったが，宇宙空間での観測によって光球面とコロナの立体的な関係を見ることができるようになったのである．

　活動領域の上空のコロナは非常に強く輝いていて，よく見ると細いループが集合しているようである．また1つの活動領域から他の活動領域へとつながる数十万kmにも及ぶループが存在すること，小さな輝点が現れたり消えたりしていることもわかった．それから驚くべきことに，コロナが光をほとんど出しておらず，まるでコロナに穴があいたように見えるコロナホールと名づけられた領域も見つかった．

　こういったコロナのさまざまな構造が何によっているかに関心がもたれるが，明るく見えるループの集まりや点は強い磁場と関連していること，大きなループはコロナ中に広がった磁力線を表していることがわかった．コロナにおいては，磁力線とプラズマはともに行動するため，まさに磁場と一体化したプ

ラズマというのがコロナの本質であることになる．

このような経過から「コロナ＝磁場に支配されたプラズマループの集合」という見方が定着し，コロナの加熱に関しても磁場を考慮していない音波衝撃波仮説は不十分であり，磁場が関与するメカニズムを考える必要が出てきたのである．

8.9 磁気流体波仮説の復活

光球面での運動によって磁場が変形された結果，磁力線が波の性質をもつようになり，それがエネルギーを上空に運び熱化してコロナを加熱するいう磁気流体波仮説は，いくつかの困難によってお預け状態となっていた．その原因の1つは，コロナ中の磁場を非常に弱く見積もっていたためである．確かにコロナの平均の磁場は弱いのだが，活動領域など磁場が集中しているところでは，アルベーン波が光球下で散逸せずにコロナ中まで出てくる可能性がある．

まず，コロナ中にアルベーン波が存在するだろうか．「ひので」による観測でプロミネンスの筋状の構造が振動していることが検出された（図8・6）．プロミネンスはコロナ中の磁力線を反映しているので，このことから，コロナ中にはアルベーン波が存在することが確かめられた．

また，コロナ中で熱化が効果的に起こらないという難点に対して，磁気ループに沿って進むアルベーン波がコロナ中で振幅が増えることで，エネルギーの熱への転換が起こるという考えがある．ただし，コロナ中で熱化に必要な程度の速度場は今のところ検出されていない．

もう少し小規模な波動で説明しようとする考えもある．磁気ループを伝わるアルベーン波の横ずれ振動やねじれ振動がプラズマと共鳴して，エネルギーを熱に変えるというものである．この場合，速度場はドップラー効果で検出されないが，ループの出す輝線の幅がその温度から予測できるよりも大きな線幅をもつようであれば，その原因を空間的に分解できない波動の重ね合わせと解釈して検出できる可能性が出てくる．国立天文台乗鞍コロナ観測所では，この考えをもとにプラズマループの乱流幅を観測していたが，コロナ加熱を説明できるだけのデータは出なかったようである．

8.10 小規模フレア説

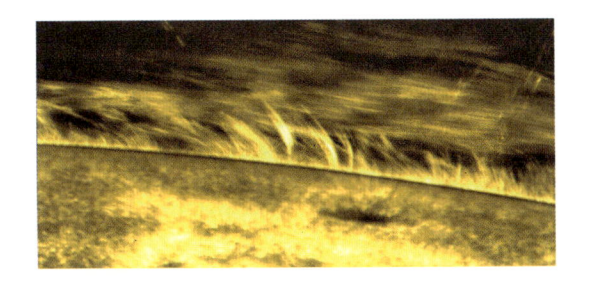

図 8・6 「ひので」により振動が検出されたプロミネンス（2006年11月9日）太陽の縁と平行なすじ雲のような部分が上下に波打つ様子が観測された．これはコロナ中の磁力線を伝わるアルベーン波の動きを見ている．
（提供：JAXA／国立天文台）

8.10 小規模フレア説

　小規模フレア説は光球面下の対流運動によって，浮上してきた小規模な磁場が変形を受けエネルギーが蓄えられ，それが隣接する別の磁場と相互作用することで突発的にエネルギーの低い状態に移り，余ったエネルギーが熱のエネルギーとして放射されコロナを加熱するという考え方である．これは，通常のフレア（9章）が 10^{26} J にも及ぶ大規模なエネルギー解放であるのに対して，6桁もエネルギーが小さいことからマイクロフレアと呼ばれるが，その機構はフレアと同様磁場のリコネクション（つなぎかえ，§9.8）によっている．同様にマイクロフレアよりさらに規模の小さいリコネクション現象をナノフレアと呼んでいる．

　この考えはパーカー（1988年）によるものであるが，エネルギー規模の小さいマイクロフレアやナノフレアでも，通常のフレアと違って桁違いに頻繁に起こることによって，全体としては十分にコロナを加熱することができるのではないかというのである．

　そういった小規模なフレアは観測が難しいが，1991年に打ち上げられた X 線太陽観測衛星「ようこう」によって短い時間間隔で分解能のよいコロナの写真が得られるようになり，この仮説を定量的に検証できる可能性が出てきた．「ようこう」の X 線コロナ画像からマイクロフレアの規模と発生頻度を調べた結果では，エネルギーが 10^{20} J 程度までのマイクロフレアは，規模と頻度の相

関が通常のフレアの場合とそう変わらず，コロナ加熱にはあまり寄与できないことがわかった．

　2002年2月5日に打ち上げられた太陽観測衛星RHESSIは，硬X線やγ線による太陽の高エネルギー現象の解明を目指している．RHESSIはすでに1万を越えるマイクロフレアを観測し，このような小規模フレアにおいても大規模なフレアと同じような電子や陽子・イオンの加速を伴うことを発見した．小規模フレアのエネルギーは軟X線の観測では少なめに見積もられていたのだが，RHESSIの結果からはコロナ加熱に寄与できる可能性も残されている．

　ナノフレアともなると，規模が小さいことと短時間の現象であることが重なって，さらに検出は難しくなる．1995年に運用が始まった太陽観測ステーションSOHOや，1998年4月に打ち上げられた太陽観測衛星TRACEによって10^{17} J以上の小規模フレアの拾い上げが行われたが（図8・7），マイクロフレア同様にこのクラスまでのナノフレアも発生頻度がそれほど大きくはなく，やはりコロナ加熱には不足であることが判明した．

　一方，「ひので」によって彩層中での磁気リコネクションを伴うジェットがいたるところで発生しているのが見つかった．この現象のもつエネルギーはフレアの10億分の1程度と推定され，まさにナノフレアに相当すると考えられている．果して「太陽面到る処でリコネクション」となるのだろうか．

8.11　加熱ポイントはどこに

　熱いコロナが発見されて70年近く経過したが，その加熱機構については磁気流体波説か小規模フレア説かの結論は出ていない．

　アシュワンデンら（2001年）はTRACEとSOHOによる極紫外線でのコロナループの観測から，コロナは細いループからなりそれぞれのループはほぼ等温であること，一様に加熱された定常状態よりも圧力・温度とも高いことを見出した（図8・8）．これに静水平衡を適用することで，コロナ加熱は光球から7000～1万7000 kmの高さで起こり，加熱される領域はループの2割程度と局所的であるという報告をしている．つまり太陽表面からそれほど遠くない彩層上部や遷移層付近で加熱が行われるということで，これまでのモデルにある程度の制約をかけることのできる結果である．特にループの上部がコロナ加熱に

8.11 加熱ポイントはどこに

図 8・7 極紫外コロナの小さな輝点(2009 年 8 月 12 日)
TRACE によって撮影された,極紫外線(17.1nm)による太陽全面像.太陽面にポツポツと明るい点が見られる.コロナ中での小規模なエネルギー解放を反映していると考えられる.
(提供:LMSAL, TRACE, NASA)

関与しているという考えに対しての反証となっている.しかし,その具体的な機構については,まだ観測的には判明していないわけであり,今後のコロナ加熱の問題は,おそらくコロナループの足元の磁場の振る舞いを詳細に観測することが1つの鍵となることであろう.

また,コロナのループは1本1本異なった温度をもつこともわかってきていて,それぞれの足元で磁場がどのような構造をもっているかも興味がもたれているところである.「ひので」は,これまでに見ることのできなかったコロナループの足元の詳細な磁場の振る舞いを検出することを,1つの大きなテーマとしていて,これによって70年におよぶコロナ加熱問題に決着がつくことが期待されている.

CHAPTER8 コロナ

図 8・8 TRACE により撮影された極紫外コロナループ（1999 年 11 月 6 日）このような細いコロナループの観測から，加熱領域を特定する．
(提供：LMSAL, TRACE, NASA)

● COLUMN5 ●

私が使った太陽望遠鏡（その2）
ドームレス太陽望遠鏡（京都大学理学研究科附属飛騨天文台・標高1270 m）

　かつて大阪発の急行「たかやま」という列車があり，飛騨天文台に行くときにはたいていこれを利用した．京都発だと約4時間半かかって高山に到着する．そこから1日2便だけ出る上宝方面に向かうバスに乗り1時間あまり，標高700 m弱の天文台最寄りのバス停で降りる．そこから天文台までは6 km弱の林道で，お願いしておけば天文台から迎えに来ていただけた．ヘアピンカーブの続く林道を約30分かけて登ると，天文台の門に入る．そして真っ先に目に入るのがドームレス太陽望遠鏡（DST）である．

　太陽の高分解能観測を目的に作られたこの望遠鏡は，太陽の熱によって生じる空気の乱れの影響を極力避けるように設計された．望遠鏡を安定した空気の流れにさらすためにドームで囲わないことにし，さらに地面からのかげろうの影響から逃れるため，20 m以上の塔上に設置したためにこのような形にな

飛騨天文台ドームレス太陽望遠鏡

った．しかも，塔内部の太陽光が通る部分は密閉され真空に引かれている．焦点面に設置された高性能のリオフィルターを通して，まさに目が覚めるような太陽 Hα 像を見ることができた．

　DST には高精度分光を目指した垂直分光器・広範囲分光が可能な水平分光器が装備されている．もう 20 年来，活動領域の進化過程での磁場・速度場を調べるために，垂直分光器での観測を続けさせていただいている．成長期にある活動領域で，黒点周辺の速度場がどう変化し，それがどのような磁場構造によるものかを明らかにしたいと，データの解析を続けているところである．

　飛騨天文台での楽しみのひとつは山を眺めることだ．60 cm 望遠鏡のあるドームまで登ると，地元の名峰笠ヶ岳を筆頭に，北アルプスの山々を，北は剱岳から南は乗鞍岳まで一望できる．観測が終わったあとで眺める，夕陽に照らされた残雪の頃の山々はこよなく美しい．

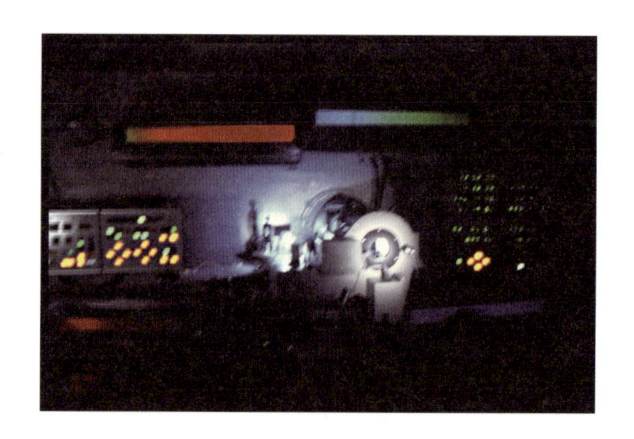

ドームレス太陽望遠鏡の水平分光器室
写真中央の壁面に入射スリットがあり，その奥にグレーティングが設置されている．出射窓が開けてあるのでスペクトルが見えている．

CHAPTER 9

フレア

9.1 フレアの発見

　1859年9月1日,キャリントンは太陽の観測中に,大きな黒点の上で明るく光る領域が突然現れたことに気づいた.その輝きは黒点の上を少しずつ移動しながら,やがて数分間で消えてしまったと記録が残されている(図9・1).ただし,黒点そのものには何らの変化も見られなかった.この発光現象はホジソンによっても観測された.この現象とときを同じくして大きな地磁気の変動が発生したことも記録されたが,太陽面の現象との関連についてははっきりしたことはわからなかった.

　この現象は現在では白色光フレアと呼ばれている.白色光フレアは非常にま

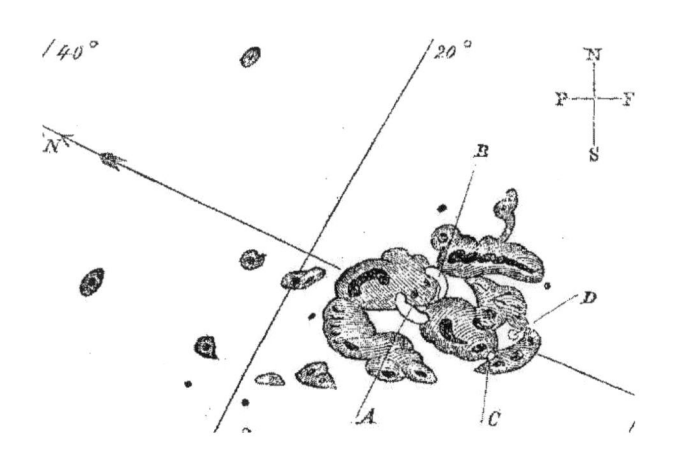

図9・1　キャリントンの観測記録(スケッチの一部)
黒点群中のA〜Dで示されているのが明るく光った領域.
(Monthly Notices of the Royal Astronomical Society, 20, 13, 1860)

れな現象で，この後もほとんど観測されることがなかったため，しばらくは研究の対象とはならなかった．現在の目で見るとこの現象は連続光で明るく光って見えたわけなので，相当大規模なエネルギー解放を伴った現象であることが暗示される．コロナ研究とならんで20世紀の太陽物理学の中心テーマとなったフレア研究のきっかけは，19世紀も終わり近くになってヘールによって作られた．

9.2 スペクトロヘリオスコープ

ヘールはスペクトロヘリオグラフで観測される太陽像に，ときおり明るく輝く領域が現れることに気づいた．この後も少数の例が見つかりはしたが，ヘールはこれがごく短時間の現象でスペクトロヘリオグラフでは監視しきれていないために観測されないのだと考えた．そこで彼は写真の代わりに肉眼でリアルタイムに太陽面をHα単色で観測することのできる，スペクトロヘリオスコープと呼ばれる装置を1926年に発明した．原理はスペクトロヘリオグラフと同じであるが，入射スリットと出射スリットに角柱プリズムを置き，これを高速で回転させることによって入射側で太陽面をスキャンすると同時に，出射側では残像効果によって1つの単色像として見えるようにしたものである（図9・2）．これによって彩層の定常的な監視が行えるようになった．このようにして始まった太陽面の監視によって，黒点のまわりが数分間から数十分にかけて明るく輝く現象は，彩層では比較的頻繁に起こっていることが明らかとなっ

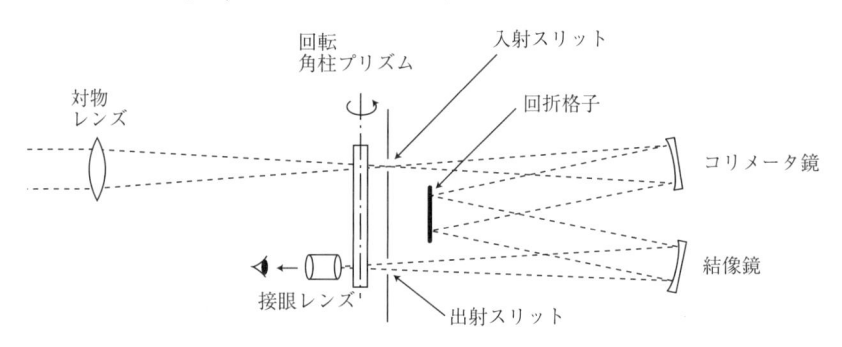

図9・2　スペクトロヘリオスコープのしくみ
（守山史生著『太陽 その謎と神秘』誠文堂新光社（1980年）より）

てきたのである．

　この現象がフレアである．フレアは黒点とその周辺に何らかの形で蓄えられたエネルギーがあるきっかけで短時間に解放され，それが彩層で熱に転化された結果，Hα線などで明るく輝いて観測されるものと考えられた．キャリントンらが見たのは，フレアによるエネルギー解放が非常に大きかったため連続光が放射され，それが光球面からの放射をしのいだものであった．

9.3　Hαによるフレア観測

　Hαで見るフレアはとてもダイナミックである．Hαで明るく見える部分は彩層が約1万Kに加熱された領域であるが，リオフィルターを通して眺めていると，黒点の近くでポツンと明るい点が見えたかと思うと，それがわずか2～3分の内にちょうど草原に放った火のように広がっていき，まばゆいばかりの光の帯となる．その輝きは数分間続くが，やがて数十分かけて文字通り下火となっていく．

　Hαで見られるフレアの形態はさまざまであるが，代表的なのはツーリボン

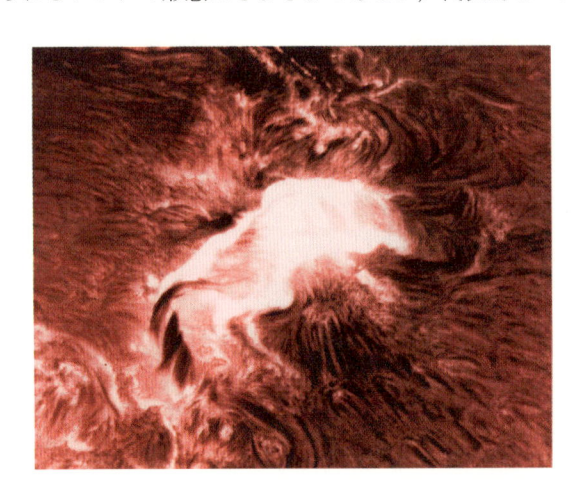

図9・3　Hαで見たフレア（1984年4月25日）
とても明るい2本の帯が見られ，その間に暗いアーチ状の構造も見られる．また，左下にかけてねじれたプロミネンスがある．このプロミネンスの上昇運動がフレアを誘発したらしい．
　　　（提供：京都大学飛騨天文台ドームレス太陽望遠鏡）

と呼ばれる2本の光った帯が見られるものである（図9・3）．活動的な黒点の周辺では，黒々と横たわる活動的なプロミネンスが見られることが多いが，これは視線方向の磁場がゼロとなる，つまり光球に対して磁場が水平になっている磁気中性線上に存在している．プロミネンスは，しばしばねじれたような構造を示し，磁力線がねじられていて電流が流れていることを示唆する．このような状態でプロミネンスの密度が高まると，$H\alpha$像で黒みが増し，プロミネンスの軸に沿ってねじれがほどけるような運動が起きたり，プロミネンスが上昇するような動きを見せたりする．これがフレアの前兆である．やがてプロミネンスが$H\alpha$像で見られなくなる頃，磁気中性線の両側に沿うようにリボン状の明るく輝く領域が発生し，時間とともに両側に分離していく．2本のリボンは磁気中性線をはさんだ磁気ループの足元と考えられ，分離していくように見えるのは彩層の明るくなった部分が移動するのではなくて，次々と外側のループにフレア活動が移っていくことを示している．やがて$H\alpha$像での輝きが衰えてくるころに，2本のリボンの上空には$H\alpha$像で暗く見えるループが何本も観測され，ポストフレアループと呼ばれている．

　$H\alpha$像では他にもいろいろな形態のフレアが観測されるが，フレアに関与する磁気ループの分布の仕方やその集まり具合によって，$H\alpha$像での見え方が変化するもので，基本的には磁気中性線をはさんだ磁気ループの足元で彩層が加熱される様子が見えているものと考えられている．

　$H\alpha$フィルターを使うと，彩層の様子をかなり広い温度・密度の範囲で見ることができ，また見られる模様はおそらく磁力線の構造を反映しているものと考えて差し支えないことから，フレアの研究には大いに役立ってきた．現在では人工衛星によるX線観測が行われるようになり，フレアはむしろコロナ中での現象だという見方が中心となったが，1秒以下の時間変化を捉えることができることや，太陽面上100 km単位の構造を観測できることから，$H\alpha$線によるフレア観測の重要性は決して減ることはないだろう．

　$H\alpha$像ではフレアと似た時間変化の激しい現象として，サージや噴出型プロミネンスといったものも見られる．サージは黒点の周囲で起こるジェット現象であるが，黒点付近にある磁場と新たに浮き上がってくる磁場が相互作用して起こる（図9・4）．噴出型プロミネンスは，静止していたプロミネンスが突如

上昇し飛び散ってしまう現象で（図7・16），プロミネンスを支えている磁場が，なんらかのきっかけで光球面から離れてしまうことから起こると見られる．

9.4　フレアのスペクトルとガス運動

　フレアの際にHα線の様子を詳細に調べると，彩層で光って見えるフレアリボンの一部で，輝線に転じたHα線が波長の長い側（赤い方）に伸びた非対称なプロファイルを示すことが明らかとなった（図9・5）．これはレッドアシンメトリーと呼ばれ，フレアの最中に彩層の一部で，加熱が起こると同時に40〜100 km/sという下向きの運動が起こることを示している．レッドアシンメトリーは，フレア初期（インパルシブ相）のマイクロ波・X線バースト（§9.7）と同期して起こる．このことからコロナループに沿って降り注ぐ加速された電子または熱伝導によって，彩層蒸発や遷移層における圧力の急激な増加が起こり，これの反作用によって圧縮加熱された彩層ガスが下降運動することを反映しているものと考えられている．

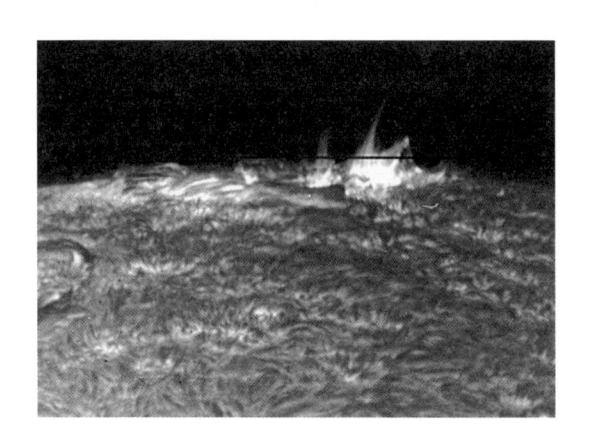

図9・4　サージ（1982年5月28日）
太陽の縁近くにある活動領域から噴出するサージ．黒い線は分光器のスリット．
　　　　（提供：京都大学飛騨天文台ドームレス太陽望遠鏡）

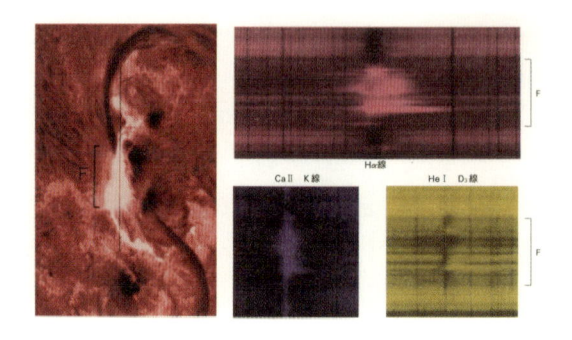

図 9・5 フレアの Hα スペクトル
Hα 線が輝線になっていて，特に下部で右（波長の長い，つまり赤い方）に伸びている．
（提供：京都大学飛騨天文台ドームレス太陽望遠鏡）

9.5 フレアに伴う磁場の変化

　光球面で観測される磁場にはフレアに伴って何か変化が見られるのであろうか．光球面の磁場ベクトルを測定することのできるベクトルマグネトグラフが稼働するようになってからは，視線に垂直な面（太陽面中心では太陽表面と平行）での磁場成分に注目が集まった．フレアが起こるためには，磁場になんらかのストレスが蓄積されるわけであるが，この原因として
　①既存磁場と光球面下から新たに浮上してくる磁場との相互作用
　②光球の運動による磁場のずれ運動
が考えられる．これらはベクトルマグネトグラフで，向きの異なった磁場が出現する，あるいは磁気中性線に沿った磁場の向きがその中性線に対して垂直ではなくなる[1]，などの現象として観測されるはずなのである．
　そこで，磁気中性線に沿った磁場の変化（向きあるいはエネルギー）に注目した研究が行われてきた．その結果，フレアが発生した領域では，視線に垂直な磁場が磁気中性線に対してシアーしている場合の多いことが見出された．しかしながら，シアーがあってもフレアが起こるとは限らないこともわかってきた．またフレアに伴って，磁場の向きが変化するのではと考えられたが，その

---
[1] これをシアーしているという．エネルギーの最も低い状態だと垂直になる．

ような例はほとんど見つかっていない．また磁気中性線に沿って磁場のエネルギーを見たとき，フレアの後ではエネルギーが下がると考えるのが自然であるが，実際には，フレアの後にエネルギーが増えたという観測結果もあり，光球磁場とフレアの関係はそう単純ではないことがわかってきたのである．

ただフレアは，マグネトグラフによる観測では精度の出しにくい黒点と光球の境界などで見られることが多く，これがはっきりした結果の出にくい原因なのかも知れない．「ひので」の観測開始以来，太陽活動は低調でフレアの観測例が少なかったが，2010年をすぎて，黒点の出現数が増加しているので，光球磁場とフレアの関係も明らかになることを期待したい．

9.6　磁気エネルギー解放

フレアが起こるのは活動領域であり，そこには強い磁場が存在している．磁場を表現するのに磁力線という概念が使われるが，この磁力線は外からの力によって引き延ばされたりねじられたりすると，ちょうどゴムひものようにエネルギーが蓄えられる．その外からの力というのはプラズマの運動だ．ほぼ完全に電離した．プラズマと磁力線は相互作用しながら一体のものとして振る舞うのである（§3.6）．磁場のエネルギーがガスのもつエネルギーより大きいと，ガスは主に磁力線に沿ってしか運動できない．逆に磁場のエネルギーの方が小さいとガスの運動が磁力線を動かすことになる．

太陽光球から上空においては，まさにプラズマと磁力線の相互作用が繰り広げられる物理的条件となっているため太陽は「巨大なプラズマ実験室」といわれることもある．そのような環境で磁場のエネルギーが $10^{22}\sim10^{25}$ J といった規模で解放されるのがフレアというわけだ．つまりフレアも磁場が大きく関与する現象なのである．

9.7　フレアの古典的モデル

フレアの際には，さまざまな電磁放射が起こるが，これらの強度の時間変化がどうなっているかを見てみよう（図9・6）．この図からコロナや彩層にかけて，どのようにエネルギーが移動し，どのようなしくみで電磁放射が行われるかを推定することができる．

CHAPTER9　フレア

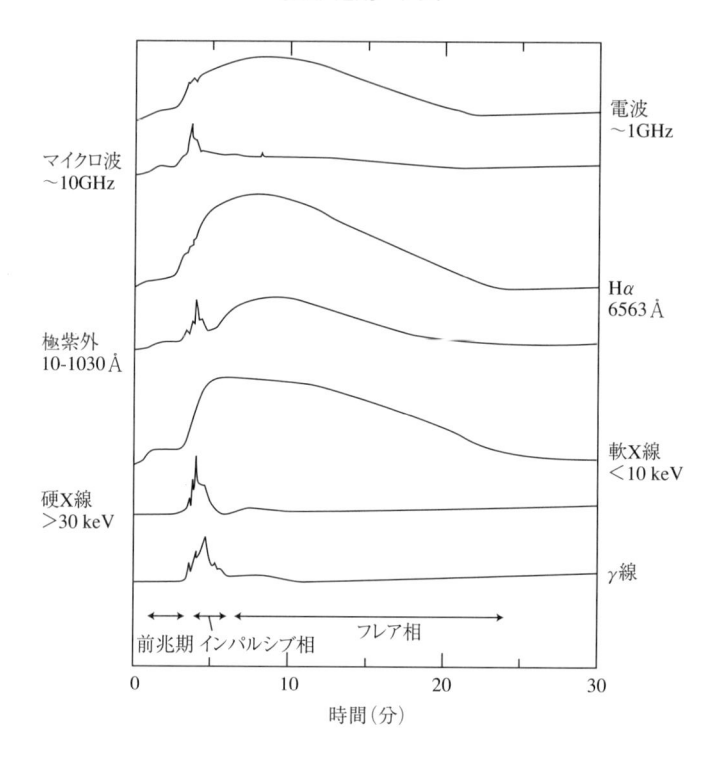

図9・6　フレアに伴う電磁放射強度の時間変化（概念図）
エネルギーの高い硬X線やマイクロ波ほどインパルシブ相が顕著に見られる．

　フレアに伴って電磁波や高エネルギー粒子が，磁力管内のおおよそどのような場所で，どのような機構によって発生するかを考えるために，Hα線やX線・電波などの観測を総合して図9・7のようなモデルが作られた．
　フレアはコロナ中の磁力管ループの頂点付近で，突発的にエネルギーが解放されることによって始まり，光速近くまで加速された電子は，ループの頂点付近で磁場との相互作用による電波放射（シンクロトロン放射）を行う．また加速された電子や陽子はループ中を足元に向かって流れ，その間にさまざまな波長の電波を放射する．そして最終的にはコロナよりも密度の高い彩層に突入し，制動放射によって硬X線やγ線がループの足元から放射される．この際，エネルギーの一部は熱に転換され彩層は加熱されるが，これによってHαで

9.8 リコネクションモデル

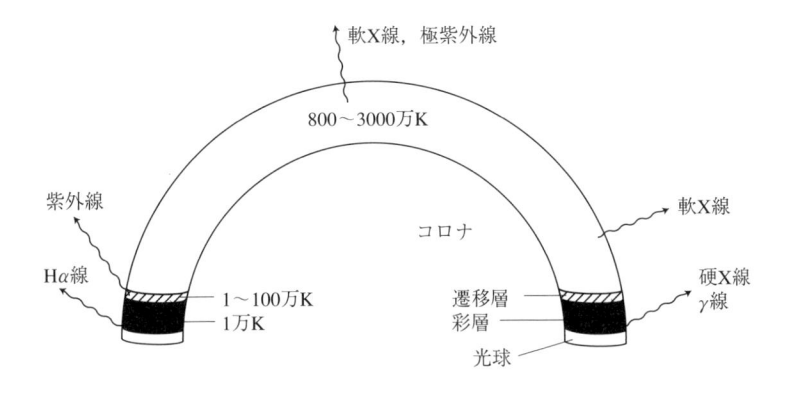

図9・7 フレアの概念図

明るく輝くフレアが観測され，さらに加熱され膨張したプラズマがループ中を上昇することで，軟X線が放射されるのである．

9.8 リコネクションモデル

　フレアの過程を表すモデル的な描像は，すでに1970年代にできあがっていたが，具体的にどのような過程でフレアが起こるのかは理論的に裏付けられないといけない．フレアは活動領域およびその上空に存在する磁場のエネルギーがなんらかの形で短時間に解放されて起こるが，コロナのような高温プラズマ中では，磁気エネルギーをプラズマのエネルギーに変換するには長い時間を要するため理論的な困難が残されていた．

　そのような状況の中で短時間でのエネルギー変換が可能な過程として磁力線のつなぎかえ（リコネクション）説が有力視されるようになった（図9・8）．プラズマ中に逆向きの磁力線が存在していたとして，それがプラズマの運動によって互いに押しつけられると，磁気中性面と呼ばれる境界に電流が流れカレントシートという領域が形成される．電流が非常に強くなると（押しつけが強くなると），そこには大きな抵抗が発生することが知られている．抵抗が発生すると電流が弱まることによって磁力線のつなぎかえが起こり，磁力線はあたかもゴムひものように両側にはじき出され，同時にプラズマの加速と加熱が行われる．そして最終的には磁力線のつながり具合が最初と入れ替わるというも

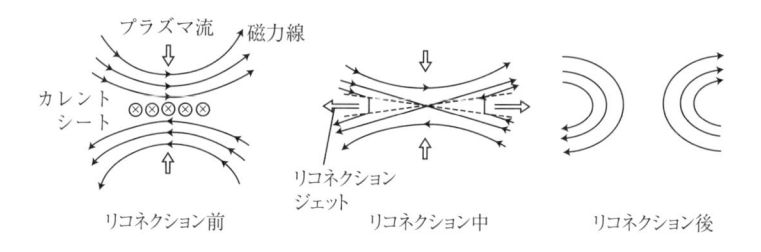

図 9・8 磁気リコネクションの概念図
(桜井隆，小島正宣，小杉健郎，柴田一成編，『現代の天文学 太陽』日本評論社 (2009年) より)

のである．

　フレアをリコネクションで説明するモデルによると，互いに逆向きの磁力線がコロナに向かって伸びていて，その間に閉じたループが存在するとする．もちろんこの構造は1組だけではなく，アーケード状に並んでいる．ループ上空でコロナに向かう磁力線が両側からのプラズマの運動で押しつけられると，そこでカレントシートが形成され，ついにはリコネクションが起こる．このとき高温となったプラズマが上下に噴出するのである．その結果，下の方では彩層が加熱され $H\alpha$ 線が輝いたり，加速された電子が彩層下部まで突入してエネルギーの高い X 線（硬 X 線）を放射したりする．また，リコネクションによって発生した熱が伝導によって彩層まで運ばれ，彩層を急激に加熱・圧縮することで，彩層の一部がいわば蒸発し，これが軟 X 線で明るいループとして観測されることになる．また上の方にはプラズモイドと呼ばれるプラズマの塊が放出される．

　このようなリコネクションによるフレアの標準モデルは，提唱者であるカーマイケル，シュターロック，平山，コップ，ニューマンの頭文字をとって CSHKP モデル（図 9・9）と呼ばれている．このモデルは磁気流体力学の方程式を数値的に解くシミュレーションによっても裏付けられている．

9.9　太陽 X 線観測衛星「ようこう」

　1991年8月30日，鹿児島県内之浦の鹿児島宇宙空間観測所から太陽 X 線観測衛星 SOLAR-A が打ち上げられた．軌道投入後「ようこう」と命名された

9.9 太陽X線観測衛星「ようこう」

この衛星は，以後10年にわたって太陽を観測し続けた（図9・10）．

「ようこう」にはX線で太陽を撮影するために，初めてCCDを採用した軟X線望遠鏡（SXT）が搭載され，コロナにおける200万～数千万Kという超高温プラズマが出す軟X線（0.2～2 keV）を，これまでになく高い画質と空間分解能で，連続写真として撮影することができた．そのため急激に変化するフ

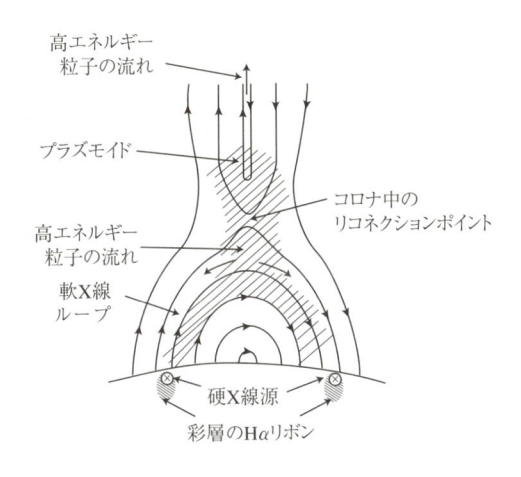

図9・9　フレアのCSHKPモデル
これはいわば断面図で，太陽面上でこのような構造が紙面の手前と奥に広がっている．
(K.R. ラング著，渡辺堯・桜井邦朋訳，『太陽 その素顔と地球環境の関わり』シュプリンガーフェアラーク東京（1997年）より)

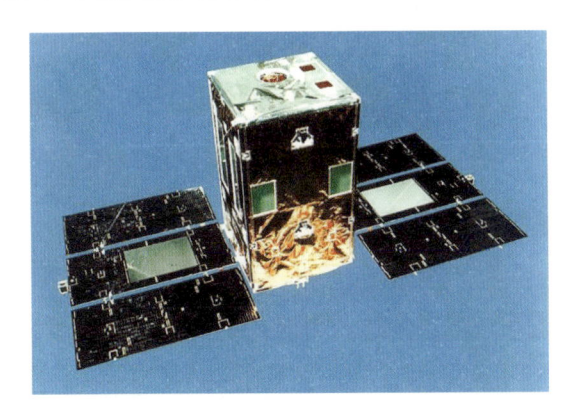

図9・10　太陽観測衛星「ようこう」（提供：JAXA）

レアのダイナミックな姿を初めて捉えることが可能になった．また，フレアの際に発生する非常に高いエネルギー電子が，イオンと衝突して発せられる硬X線（10～100 keV）で，画像を得ることのできる硬X線望遠鏡（HXT）は，フレアの際に，どこで高いエネルギーを発生するのかを明らかにすることが期待されたのである．さらに，広帯域スペクトル計（SXS）やブラッグ分光器（BCS）も搭載され，フレアの高エネルギー状態をスペクトル観測することもできた．

「ようこう」は2001年12月15日の日食の際に，電源電圧の低下から姿勢制御異常，さらに電力喪失という事故に遭い，2004年4月23日についに運用が停止された[2]．「ようこう」は10年にわたって600万枚にも及ぶ太陽の軟X線画像と，3000個もの硬X線によるフレアデータを得ることができたのである．

9.10 インパルシブフレアと長寿命フレア

フレアの継続時間はさまざまだが，数分から数十分の比較的短いものをインパルシブフレア，数時間以上継続するものを長寿命フレアと呼んでいる．フレア領域のサイズについては，インパルシブフレアは数千km程度，長寿命フレアは数万kmと寿命とサイズには相関が見られる．

地上でのHαなどによる観測では，形態や継続時間あるいはサイズによってフレアはさまざまに分類されてきた．これらに統一的な描像があるのかどうか，さらにコロナ中で発生する太陽スケール（数十万km）の質量放出現象まで含めて説明することができるのか，コロナ中で磁場が関与しているであろうエネルギーや質量の解放現象を，総合的に解明することが「ようこう」の大きなテーマであった．

9.11 リコネクションの現場確認

もしフレアの原因がリコネクションであるなら，コロナではプラズマは磁力線と一体であるからプラズマの形の変化として観測されるはずである．その特徴はリコネクションポイントでカスプと呼ばれるループの先がとがった構造を

---

[2] 2005年9月12日18時16分（日本時刻）に，北緯24°・東経85°上空で大気圏に突入し燃え尽きた．

9.12 インパルシブフレア

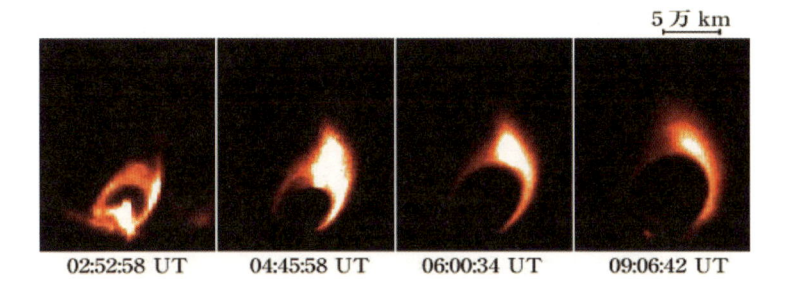

5万 km

02:52:58 UT　04:45:58 UT　06:00:34 UT　09:06:42 UT

図9・11　長寿命フレアのカスプ構造（1992年2月21日）
長寿命フレアがコロナ中の磁力線のつなぎかわり（リコネクション）により起こることが示された．
（提供：JAXA）

もつことである（図9・9）．コロナ中でのループ構造の変化は「ようこう」によって初めて観測することができた（図9・11）．

　この図は1992年2月21日に，太陽の縁で起きた長寿命フレアの様子をSXTで観測したものである．ループの頂上がとがったカスプ構造をしているのがよくわかる．軟X線ではループを含めて逆Y字の形が時間とともに拡大していくように見えるが，これはループ自体が拡大しているのではなく，リコネクションが次々と上の方で起こることで，外側のループが順次光っていくものとして説明される．「ようこう」ではプラズマの温度診断も可能で，ループの外側ほどより高温であることも明らかとなり，やはりこの描像を支持する結果が得られている．また上方にはプラズモイドの噴出も見られた．これは長寿命フレアが明らかにリコネクションによって起こっていることを示した重要なデータとなった．

9.12　インパルシブフレア

　比較的寿命の短いインパルシブフレアは，軟X線では比較的単純な形のループ構造をしている場合が多く，先に述べた長寿命フレアのようなカスプ構造が見られないため，フレアの発生メカニズムが共通なのかどうかよくわかっていなかった．

　1992年1月13日に太陽の西縁で起こったフレアが「ようこう」に搭載されたSXTとHXTによって観測された．図9・12ではSXTで得られた軟X線画

CHAPTER9 フレア

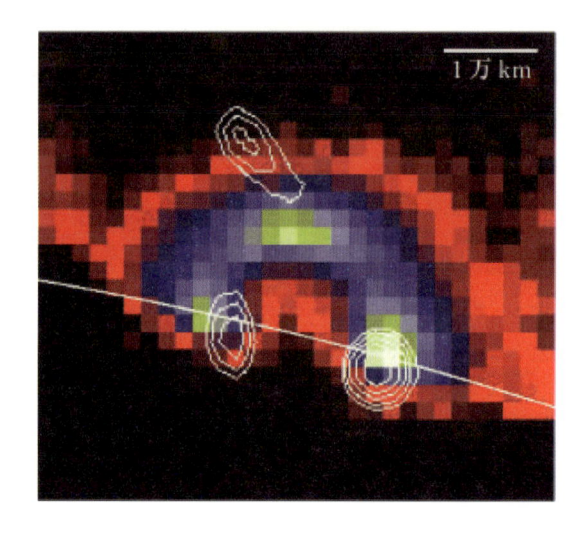

図9・12 軟X線ループ上空に見つかった硬X線源（1992年1月13日）フレアループの足元だけではなく、頂上付近にも硬X線を放射する領域が存在する．フレアのエネルギー解放がコロナ中で起こっていることを示す画期的なデータ．　　　　　　　　　　　　　　　　　　　（提供：JAXA）

像が色図で，HXTで得られた硬X線画像が等高線で表されている．

　軟X線で見られるループの足元（2ヵ所）に硬X線の強い放射が見られるが，これはコロナループの頂上付近で発生した高エネルギー電子が磁力線に沿って両足元に落下し，彩層上部の密度の高い部分に衝突し急ブレーキがかかったことによる放射（制動放射）である．

　ここで重要なのは，X線ループの上空に存在する第3の硬X線放射領域だ．これは「ようこう」によって初めて発見されたデータである．つまり，フレアのエネルギー解放が，ループよりも上空で起こっている証拠と考えられるからだ．これはフレアのリコネクションモデルを支持する画期的な観測結果である．リコネクションによるエネルギー解放によって，超高温（1億K以上）状態，もしくは光速近くに加速された電子が高密度プラズマに衝突するような状況となり硬X線が放射されると考えられている．

　また，インパルシブフレアの際にもプラズモイドの噴出が見つかっていて（図9・13），この現象はすべてのフレアに共通する性質であることも示唆され

148

9.13 X線ジェットの発見

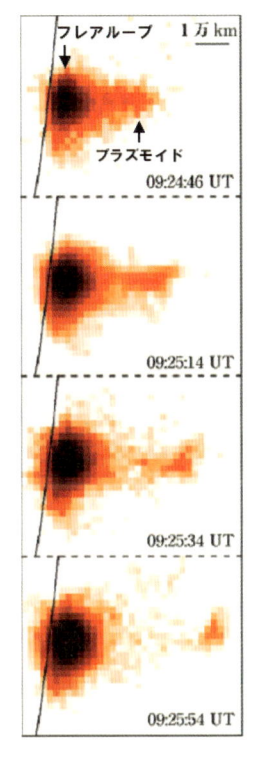

フレアループ　1万km
プラズモイド
09:24:46 UT
09:25:14 UT
09:25:34 UT
09:25:54 UT

図9・13　インパルシブフレアのプラズモイド噴出（1992年10月5日）画像は明暗反転されている．

（提供：JAXA）

た．「ようこう」の観測によって，フレアはコロナ中での磁気リコネクションによって起きるという統一的な描像が確立したといえるだろう．

9.13　X線ジェットの発見

　彩層にはスピキュールと呼ばれる小規模なジェット現象，あるいはサージと呼ばれる活動領域でのジェット現象が見られたが，「ようこう」SXTによって太陽コロナ中にも初めてジェット現象が発見された（図9・14）．長さは数万〜数10万km，みかけの速さは平均で200 km/sというものである．

　X線ジェットは，軟X線で明るく見られる小さな点（X線輝点）から発生することが多く，これも磁場の関与する現象であることがわかる．図の例ではX線輝点の構造がジェットの前後で変化する様子も捉えられていて，光球から

CHAPTER9 フレア

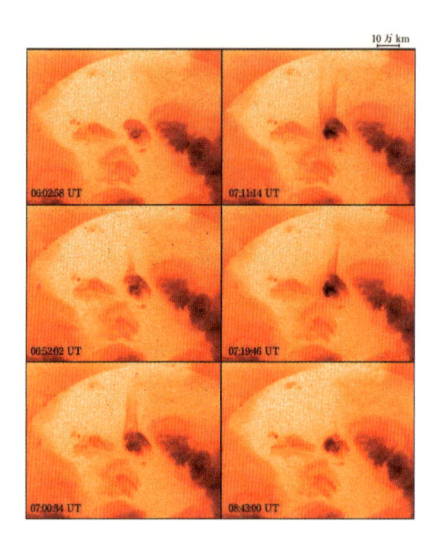

図 9・14 X 線ジェット（1992 年 1 月 11 日）
中央の明るい部分から画面上方に向かってジェットが
噴出した様子．なお画像は明暗反転されている．
(提供：JAXA)

新しく浮上した小さな磁気ループが，もともと存在したループと相互作用（リコネクション）することで磁気エネルギーの解放が起こり，ジェットとして噴出したと考えられる．つまり，発生メカニズムとしては H α線で見られるサージと共通点があるわけだ．おそらくリコネクションが起こる高さによって噴出のプロセスが異なり，高温ジェットか（比較的）低温ジェットかの違いが出てくるのだろう．

9.14 電波で観測されるフレア

太陽から電波がやってくることは，第二次世界大戦中にイギリスのヘイが発見した．レーダ運用中に入ってきた広い周波数幅をもつノイズが，太陽の方角からやってくることを突き止めたのである．受かった電波の強度は太陽の表面温度から期待されるものよりも 5 桁近くも強く，ヘイはこれが太陽表面で発生したフレアに関連しているものと考えた．太陽の電波がこのように急激に増加する現象を太陽電波バーストと呼んでいる．バーストは広い周波数にわたって

9.14 電波で観測されるフレア

見られ，その周波数や強度には時間変化が見られる．

電波とは波長がおおむね 0.1 mm より長い電磁波をいうが，波長が長いということはエネルギーが低いことを意味する．すると，どうして激しいエネルギー現象であるフレアから電波が出てくるのか疑問に思われるかもしれない．1 つは電子ビームがプラズマ中を進むときに，プラズマ波が発生しそれがさらに電波に変換されるという機構がある．それから思い出したいのは，フレアは磁場が関与する現象だということである．フレアでは大量の高エネルギー電子が生成されるが，電子は磁力線にまきつくような回転運動を行う．このとき強い偏りをもった幅広い周波数にわたる電磁波が放射され，これをシンクロトロン放射と呼んでいる．フレアから電波が出てくるのはこれらのような放射が起こるからである．

バーストとフレアの関連については，信号を広帯域で受信し，それを周波数を縦軸に，時間を横軸にプロットした動スペクトルによって調べることができる（図 9・15）．フレアの初期にはコロナループ内を光速の 3 分の 1 という猛スピードで運動する電子ビームによるIII型バーストが見られる．少し遅れて今度は加熱され膨張する彩層のガスがコロナ中で衝撃波を作り，そこで発生する

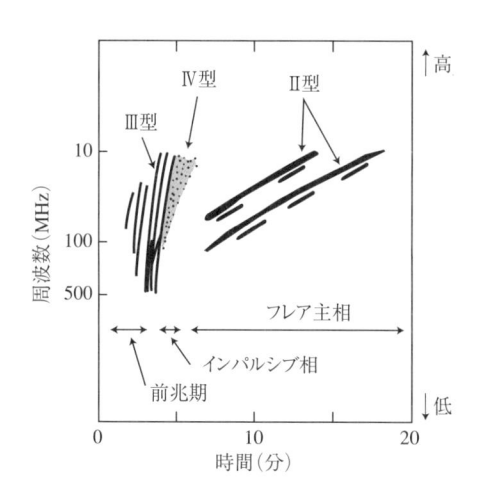

図 9・15 フレアに伴う電波バーストの動スペクトル（模式図）
フレアの進行に伴って特徴的な電波が放射されることがわかる．

電子の運動によるⅡ型バースト[3]へと移行する．また，バーストの発生時刻と，Hα線やX線で見られる現象とを比較することで，フレアにおける高エネルギー粒子の振る舞いについて明らかにすることができる．

最近まで電波による太陽観測では，可視光で見える現象との対応をつけることができなかった．それは電波は可視光に比べて波長がずっと長いため，普通のアンテナでは分解能を上げることができないからである．1995年，国立天文台・野辺山太陽電波観測所に設置された電波ヘリオグラフは，84台のアンテナを東西500 m，南北220 mのT字型に配置し，電波の干渉を利用することで分解能を上げ，波長1.7 cm（17 GHz）と8.5 mm（35 GHz）の電波で太陽フレアの像を得ることができる装置である．これによって太陽面上5000 kmサイズの現象を1秒以下の時間間隔で連続して捉えることができるようになった．これまでのフレアに伴って電波が届くだけという情報から，フレアのどの部分から電波が出てくるかといった構造的な部分までを解明できるようになったのである．

光球から浮上してきた新しい磁場が，活動領域に元からある磁場とぶつかることをきっかけにしてフレアが起こると考えられているが，太陽観測衛星「ようこう」と同時に観測された，インパルシブフレアのシンクロトロン放射に伴う電波データによると，高エネルギー粒子は，ループがぶつかっている場所で加速されて発生することや，その粒子がフレアに関与しているループの足元まで到達していることが明らかとなった．

---

[3] Ⅱ型バーストに伴ってHα像ではフレア領域から波のようなパターンが広がっていく様子が見られることがあり，モートン波と呼ばれる．コロナ中の衝撃波を反映しているとみなされている．

● COLUMN6 ●

私が使った太陽望遠鏡（その3）
25 cm コロナグラフ（国立天文台乗鞍コロナ観測所・標高2876 m）

　以前は自家用車で到達できる最高地点であった乗鞍・畳平は，マイカー規制のおかげでずいぶん静かになったが，その畳平から南，主峰剣ヶ峰の手前にそびえる摩利支天岳に乗鞍コロナ観測所があった．過去形になってしまうのは，2009年度をもって観測所は60年の歴史の幕を閉じたからである．

　コロナ観測所の最晩年期の約10シーズンに渡って，25 cmコロナグラフの共同利用を申請して観測をさせていただいた．コロナグラフといってもコロナだけが観測対象ではない．1996年に，このコロナグラフには乗鞍偏光解析装置（NHK）が装備され，さまざまな波長での分光偏光観測ができるようになったため，特に白斑～プラージュ領域の磁場や大気構造を調べることをねらったのである．赤外領域の波長1083.0 nmのヘリウムと1082.7 nm

乗鞍コロナ観測所 25cm コロナグラフ

CHAPTER9 フレア

のケイ素は同一視野で観測でき，それぞれ彩層と光球の物理状態を反映するので，最後の数シーズンはもっぱらこの波長領域を使った．当初目的の白斑についてはデータが十分に得られなかったが，2002年8月22日に起こったフレアを観測することができた．フレアの偏光データは珍しいので，ぜひ結果を出したいが，雲の影響や観測装置の問題で手詰まり状態となっている．はやく突破口を見つけたいものである．

さて畳平は，かつては天体写真家のメッカであっただけに，星空のすばらしさは国内でもトップクラスである．晴れた夜は，ついつい昔の天文少年の血がうずいて，カメラを持ち出さざるを得なくなったものである．もちろん赤道儀などの機材を持ち込む余裕はないので，カメラを地面に置いて流し撮りをする程度であったが，とてもぜいたくな気分を味わうことができた．また，松本平のむこうに昇る朝日はとても荘厳で，太陽を研究する喜びを感じたものだった．

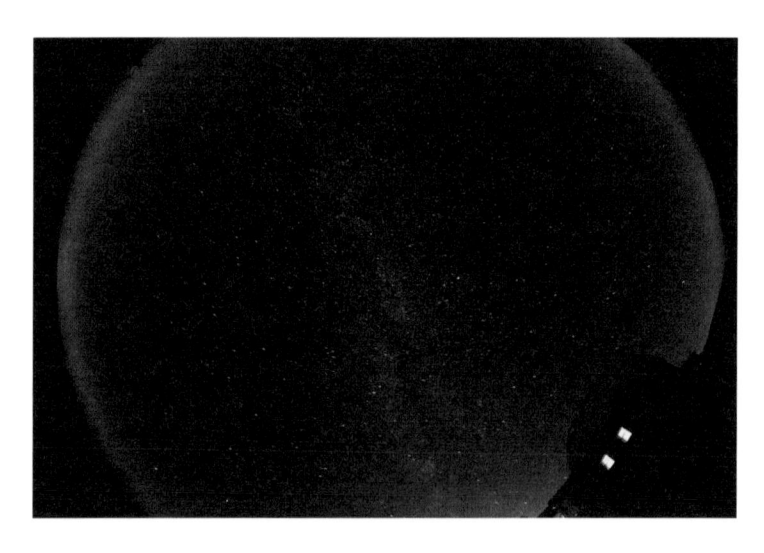

乗鞍の空（魚眼レンズで撮影）
写真のほぼ中央に夏の大三角が写っている．右下は25cmコロナグラフのドーム．

CHAPTER 10

太陽風

10.1 彗星の尾

　彗星が太陽に接近すると長い尾が伸びることがあるが，尾は必ず太陽と反対方向に伸びている．古く17世紀初め頃にケプラーは，太陽からは何かが流れ出していて，それが彗星とぶつかることによって尾が反対側に伸びるのではないかと考えていた．

　彗星を詳しく観測すると，尾には2つのタイプがあり，尾の引き方には違いがあることがわかってきた．1つはタイプⅠと呼ばれる細く長く伸びたもの，もう1つはタイプⅡと呼ばれる幅の広いぼやっとしたものである（図10・1）．

図 10・1　彗星の尾
まっすぐに伸びている青く見える尾がイオンテイル（タイプⅠ），少し曲がって伸びている白く太い尾がダストテイル（タイプⅡ）．1997年春先に明るくなり話題をさらったヘール=ボップ彗星．　（提供：ESO/E. Slawik）

スペクトル観測によると，タイプⅡの尾は光の波長程度の大きさの彗星から放出された粒子（ダスト）からなっている．この程度の大きさの粒子に対しては，太陽の光による放射圧が太陽からの重力の数倍ととてもよく効くため，粒子が太陽と反対側に押し出されて尾として見えているのである．タイプⅡはダストテイルと呼ばれる．

タイプⅠの尾は，一酸化炭素などの分子がイオンとなり高速で吹き出しているものであることが，やはりスペクトル観測からわかった．このことからタイプⅠはイオンテイルと呼ばれる．しかし，ダストに比べてサイズが桁違いに小さいイオンに対しては，働く放射圧が小さすぎて，太陽と反対側に直線状に伸びるという尾の性質を説明できない．そこでビアマンは1951年に，イオンテイルは太陽からつねに流れ出している粒子が，彗星から放出されたイオンと作用し，それを加速することで形成されるのではないかと考えたのであった．

10.2 コロナの広がり

コロナが100万Kを超える電子とイオンの混在したプラズマであることは，1940年代に明らかとなっていた（§8.4）．1957年にチャップマンは高温コロナの物理的性質を，ガス圧と重力がつりあっていて（静水平衡），エネルギーが熱伝導によって運ばれるというモデルから求めようと試みた．コロナのプラズマ圧をp_0とすると，太陽から距離rのところでのプラズマ圧$p(r)$は，

$$p(r) = p_0 \exp\left[\frac{7}{5}\frac{GMm}{kTR}\left\{\left(\frac{R}{r}\right)^{5/7}-1\right\}\right] \tag{10.1}$$

のようになる．Gは万有引力定数，kはボルツマン定数，Mは太陽質量，mは陽子と電子の質量の和，Rは太陽中心から表面までの距離，Tは温度である．この式で距離rを無限大にすると，

$$p(\infty) = p_0 \exp\left(-\frac{7}{5}\frac{GMm}{kTR}\right) \tag{10.2}$$

となり，Tとして200万Kを代入すると，$p(\infty)$はp_0に比べて約7桁小さいという結果になる．ところが，恒星間空間での圧力はp_0に比べると10桁以上小さいことがわかっているため，上記の結果は大きすぎて実際と合わない．静的なコロナのモデルではうまくいかないことがわかった．

10.3 流れ出すコロナ

　1958年にパーカーは，彗星の尾に関するビアマンの研究を受けて，ガスの運動を伴う動的なコロナのモデルを作り，太陽からのプラズマの流れ＝太陽風は，膨張するコロナに他ならないことを証明してみせた．パーカーは流体力学を使って温度が一定であると仮定したコロナについて計算を行い，流れとして4通りの解があり，高温のコロナが外に向かって高速で膨張する解も存在することを示した（図10・2）．パーカーによると太陽風は絶え間なく流れ出すプラズマで，その流れは惑星間空間を満たしているが，流れ出すことができるのは太陽と惑星間空間には大きな圧力差があるためである．

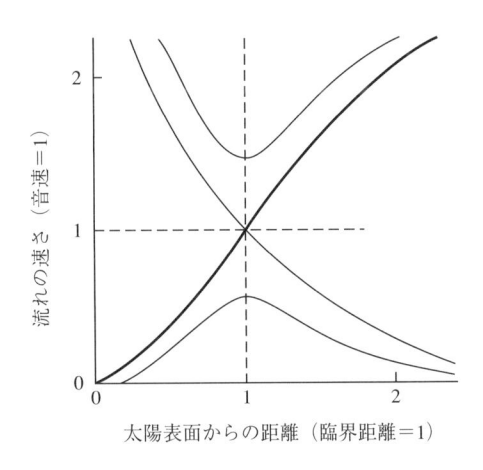

図10・2　パーカーによるコロナのモデル計算結果．右上に伸びる太い線が，太陽風として流れ出す解．臨界距離は太陽質量と音速によって決まる距離（Parker, Interplanetary Dynamical Processes より作成）

　重力が最も強い太陽の表面近くで始まった流れは，距離が大きくなるにつれて次第に加速され，ある点を通過すると音速（約60 km/s）を超え超音速の流れとなる．金星軌道付近（太陽から約1億km）あたりからは，ほぼ400 km/sの速度をもつ．パーカーによる最初の太陽風モデルは，いくつかの仮定を含んではいるものの，惑星間空間のダイナミックな世界を予言する画期的なもので

あった.

1962年アメリカ合衆国が打ち上げた金星探査機マリナー2号は，金星へ向かう途上で太陽からのプラズマの速度や密度を測定した．その結果，速度は300〜800 km/s，数密度は数100万個／m³，そして（プラズマとしての）温度は10万Kという値が得られ，パーカーの予言はみごとに実証されたのである．これによって，惑星間空間は太陽からの熱く高速なプラズマ流に満たされていることが確かめられ，真空と考えられてきた惑星間空間のイメージは一変した．

コロナはほぼ完全に電離したプラズマであるが，その延長である太陽風も同様だ．したがって，その振る舞いには当然磁場が関わってくる．コロナ上部や太陽風ではガス圧が磁場による圧力（磁気圧）を上回っているため，ガスの運動が磁場の構造を決めることになる．コロナが流出するということは，磁力線が太陽から外に向かって開いていることを意味するのである．コロナの磁力線はほとんどがループ構造をしているが，太陽から離れるにつれ磁場が弱くなるため，プラズマ流によって磁力線が押し出されるように外側に開いた構造ができるものと考えられる．つまり太陽風は，太陽からプラズマとともに磁力線をも運び出しているといえるだろう．

では，太陽風は太陽面のどのような場所から吹き出しているのだろうか．「ひので」に搭載されたX線望遠鏡と極紫外撮像分光装置によって，コロナホール（§10.5）と黒点などが存在する活動領域との境界付近から，プラズマが約140 km/sの速さで絶えず上方に流れ出しているのが発見された．活動領域では，磁場は太陽面から出て太陽面に戻るような構造をもつが（図6・15），コロナホールとの境界付近では戻らずに外に向かう磁力線が存在し，それに沿ってプラズマが流れ出すらしい．

場所が特定されれば，次はプラズマが300〜800 km/sまで加速されるメカニズムの追求になる．コロナ低部から上空にかけての磁力線の形や流速の分布など，観測と理論両方からのアプローチが行われているところである．

10.4 惑星間磁場

太陽面の特定の領域から流れ出すプラズマは，太陽の自転によって螺旋状に

10.4 惑星間磁場

分布する．ちょうどスプリンクラーのような感じである（図 10・3）．注意しないといけないのは，プラズマ自体は常に太陽から外向きに流れているのであって，決して螺旋状に運動しているわけではないということだ．太陽の自転周期は赤道付近で 25 日あまりなので，地球付近での螺旋の傾きはおよそ $45°$ となる[1]．

コロナ中ではプラズマと磁場は一緒に行動するので，太陽風のプラズマは太陽表面から惑星間空間へと磁場をひきずり出す．その磁力線の形は螺旋に近いものとなる．これを惑星間磁場と呼んでいる．

太陽から流れ出るプラズマ量は，1.6×10^9 kg/s（毎秒 160 万トン）と推定されている．太陽が誕生してから（50 億年 $\fallingdotseq 1.6 \times 10^{17}$ 秒）ずっと変わらずに太陽風が吹き続けたとしても，これまで流出した総質量は 2.5×10^{26} kg とな

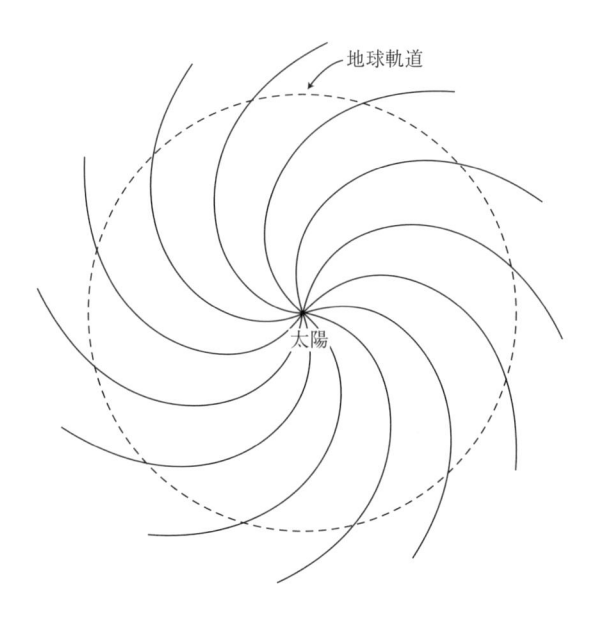

図 10・3 太陽風の軌跡（アルキメデスの螺旋）

---
[1] 地球軌道付近で太陽風プラズマが回転にひきずれらてもつ速度成分は 1 億 5000 万 km に角速度 $2\pi / (25 \times 86400)$（2π ラジアンを 25 日の秒数で割った）をかけた 436 km/s であり，外向きに流れ出す速度成分とほぼ同じ大きさとなるため．

り，これは太陽の質量 2.0×10^{30} kg の 10 万分の 1 程度の量にすぎない．また，太陽風が持ち出す運動エネルギーは 10^{20} W の程度で，これは太陽の放射エネルギー 3.85×10^{26} W と比べても 100 万分の 1 にすぎない．太陽全体にしてみれば，太陽風は微々たる活動にすぎないが，太陽風によって引き出される惑星間磁場は，特に地球との関係において興味深い現象を見せてくれるのである（§11.7）．

10.5 高速太陽風とコロナホール

§8.8 でコロナホールの存在に触れた．コロナは熱いプラズマに満たされた磁気ループの集まりだが，コロナホールはいったいどのような物理的性質をもっているのであろうか．X 線で暗く見えるということは，X 線を出すほど温度が高くないのか，密度が低くて見えないのか，原因はいくつか考えられる．「ようこう」のデータからは，コロナホールは決して温度が低いわけではなく，数百万 K のプラズマが存在することが明らかとなっている．

コロナホールからは，通常の太陽風よりもずっと高速（〜1000 km/s）の流れが吹き出していることもわかった[2]．この高速風は回帰性磁気嵐と呼ばれる地磁気の擾乱をもたらすが，1970 年代まではこの擾乱をもたらす原因となる太陽面での対応現象が同定できなかった．擾乱の伝搬を逆算して太陽面の場所を決めるが，そこには黒点も何もなかったため，M（ミステリー）領域と呼ばれたが，これがコロナホールであったことが確かめられたのである．

コロナホールの自転は，太陽表面のような差動回転ではなく剛体的な回転を示す．したがってコロナホールの形は太陽の自転の何周にもわたって維持される（図 8・5）．また自転の速さは，太陽表面に見られる諸現象よりも若干速いことから，コロナホールは光球よりも深いところに根ざしていることが推定される．

磁場の観測を行うと，コロナホールの領域は単極磁場が分布していることがわかる．ここから磁力線が太陽の外に向かって急激に広がりながら伸び出しているものと考えられる．この構造が，高速な太陽風を吹き出させるのであろ

---

[2] §10.3 に述べた「ひので」により発見された太陽風の源は，通常の太陽風のもとと考えられている．

う．ただし 1000 km/s という速度は，コロナの熱による加速では説明しきれない．磁場が関与する何らかの加速機構が働いているものと考えられているが，まだ確実なところは判明していない．理論に基づく数値シミュレーションによる研究も進められている．

10.6　太陽の極地探検

　太陽の極付近には 1000 G を超える磁場構造が点在していて，コロナはポーラープルームと呼ばれる刷毛で掃いたような構造をもっている．極から流れ出る太陽風の速度や密度はどのような状態になっているのであろうか．これを調べるためには，探査機を太陽の極上空まで送り込まないといけないが，実際にはこれは難事業である．

　太陽系空間の探査は基本的には地球の公転面（黄道面）に近いところに限られる．それは地球の公転運動（30 km/s）を利用して探査機が軌道に投入されるからである．黄道面から外れた軌道に探査機を投入するには相当なエネルギーを要するため，現在でも地球から直接このような探査は実行することはできない．

　この困難に挑戦したのが，1990 年 10 月 6 日にスペースシャトル・ディスカバリーから打ち出されたユリシーズである．ユリシーズはヨーロッパ宇宙機関（ESA）が開発し，アメリカと共同で打ち上げたミッションで，太陽活動・太陽風・惑星間磁場・宇宙線などの観測が目的である．黄道面からの傾斜角 80°という太陽周回軌道をとる計画であるが，ユリシーズは直接太陽に向かったわけではなく，最初の目的地は全く逆方向の木星であった．約 1 年 4 ヵ月かけて 1992 年 2 月に，木星に接近し木星の重力を利用して軌道を変え（スイングバイ），黄道面から離脱して太陽の南極を見上げる軌道へと移った．木星付近では太陽の引力が地球付近に比べてずっと弱いことも，黄道面を離れるためのメリットになるのである．そしてユリシーズは 1994 年 6～10 月に太陽の南極上空を通過，翌 1995 年 6～9 月に北極上空を通過した．さらに 1 公転後，2000 年に南極上空，2001 年に北極上空を通過して観測を行った．

　ユリシーズは太陽の極小期と極大期に，太陽の高緯度領域の観測を行ったことになる．そのデータから，極小期には低緯度からは速度が遅く密度が高い流

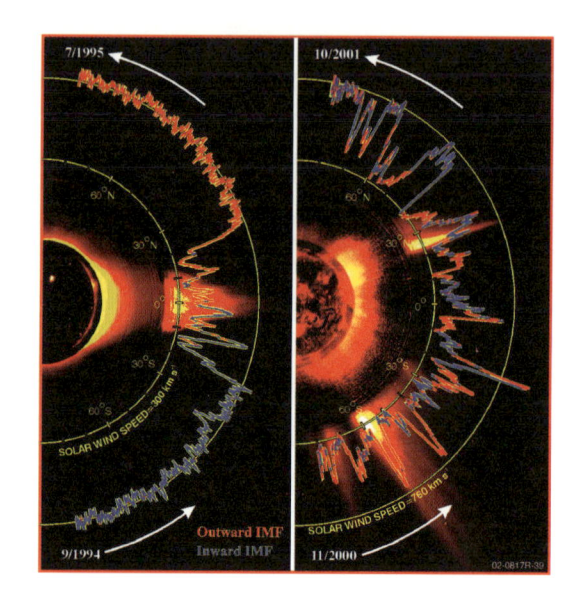

図10・4　ユリシーズによる極小期・極大期の太陽風
左が極小期（1994〜95年）で，右が極大期（2000〜2001年）．
経緯ごとの太陽風速度が折れ線で示されている．（提供：NASA）

れ・高緯度からは速度が速く密度が低い流れというようにはっきりと分かれている．一方で，極大期には全体として速度が遅く密度が低い流れとなっていることがわかった（図10・4）．

なおユリシーズは2007〜2008年まで観測を行うことが予定されていたが，2008年以降は機器のトラブルなどにより観測は事実上行われず，2009年6月に運用終了を迎えた．

10.7　太陽圏界面

惑星探査機ボイジャー1号と2号は，1977年9月5日と8月20日にそれぞれ打ち上げられた．1号は1979年3月5日に木星・1980年11月12日に土星に接近，2号は1979年7月9日に木星・1981年8月25日に土星・1986年1月30日に天王星・1989年8月24日に海王星に接近し，いわゆる「木星型惑星」[3]に関する貴重な画像を届けてくれた．

10.7 太陽圏界面

　惑星探査機のことをここで紹介するのは理由がある．実はボイジャーの任務は惑星探査で終了したわけではなく，太陽系空間に存在するプラズマ流のエネルギーや密度を測定し続けているのだ．

　太陽系空間は熱く高速なプラズマ流に満たされていることは，太陽風のところで述べたが，当然太陽から遠ざかるにつれてプラズマの密度は減少していく．そしてやがては恒星間空間にまざりあっていくことになる．太陽風が恒星間空間のプラズマを押しのけて広がることができなくなるところ，そこはいわば太陽の影響が及ぶ太陽系の果てといえるだろう．太陽風は急激に減速されて不連続面が形成される．この不連続面のことを太陽圏界面（ヘリオポーズ）と呼んでいる（図 10・5）．

　太陽圏界面は目で見えるものではないので，太陽からどのくらいの距離にあるのかは間接的な証拠に頼るしかない．太陽表面で大規模なフレアが起こると，その衝撃波はやがて太陽圏界面に到達し，星間プラズマと相互作用して電

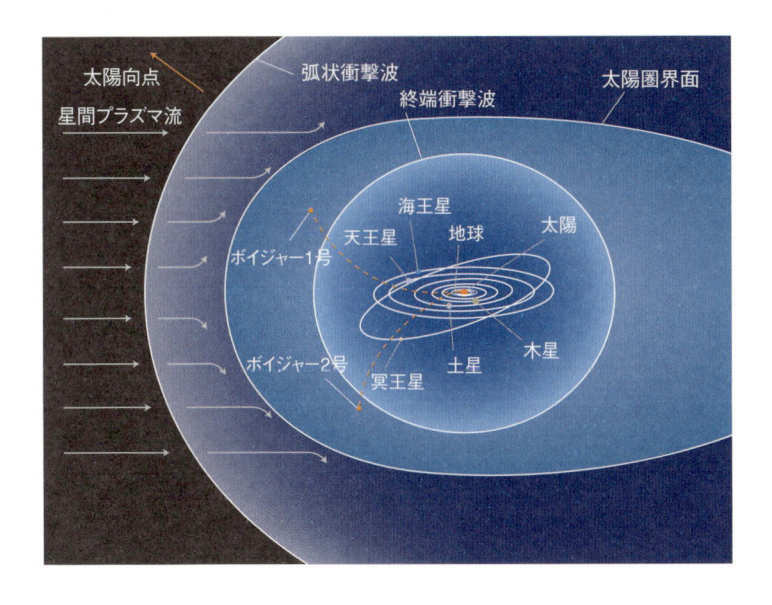

図 10・5　太陽圏界面の概念図

---

3)　現在では天王星・海王星は内部構造の違いなどから「木星型」に分類するのは粗雑すぎると考えられている．

CHAPTER10 太陽風

波雑音を発生すると考えられている．この種の雑音がボイジャー1号・2号によってほぼ同時に受信されていて，フレア発生からの時間の遅れからヘリオポーズまでの距離が推定されているのである．それによると太陽から120天文単位ないし180天文単位あたりに太陽系の果てがありそうだ．

2011年には，ボイジャー1号は太陽から約180億km（120天文単位）の距離に達した．2005年5月24日には，搭載されている探査機に衝突してくるプラズマをカウントする低エネルギー荷電粒子測定装置の送信データから衝撃波面を通過したものと推定されている．衝撃波面の前後ではプラズマの速度が急激に変化することからそれと判断できるのである．ボイジャー2号は太陽から約150億km（100天文単位）に達していて，おそらく2007年2月に衝撃波面を通過したのではと推定されている．

いずれにしても，人類が当分見ることのできない太陽系の果てに，ボイジャーが30年の時をかけてさしかかっているのは確かである．ボイジャーから届けられるかすかな信号が太陽系の果ての様子をさらに伝えてくれることを期待したいものだ．

CHAPTER 11
太陽からやってくるもの

11.1 変化する太陽定数

§3.2で太陽定数の話をした．アボットたちが測定した1.367 kW/m^{2}という値は，測定の精度内では変動しているといえない結果であった．太陽定数の測定は気象条件や大気の変動を考慮しているとはいえ，地上での測定ではそれらの影響を完全に取り除くことはできず，どうしても誤差が残ってしまうわけである．したがって宇宙空間での太陽定数の測定が長く待ち望まれていた．

1980年代になって人工衛星SMM[1]によって，太陽定数の精密な測定がなされ，大きな黒点が太陽面に現れると太陽定数が0.1%の程度で減少することがわかった．一方で白斑やプラージュの面積が大きいときには，同じ程度で太陽定数が増加することも発見している．つまり太陽定数は，0.1%以下の精度で見たときにはもはや定数ではないということであるから，今後は太陽光度という用語を使うとよいだろう．SMMに並行して行われたニンバス7号によるモニタ観測からも，太陽光度は0.1%の程度で変動していることが明らかとなってきた（図11・1）．

太陽光度は大きな黒点が出現すると一時的に下がるものの，基本的には太陽活動がさかんな時期ほど太陽光度は大きく，逆に極小期には太陽光度は小さくなる傾向が見られた．これは一見とても奇妙な結果のように見えるが，フーカルとリーン（1990年）は，極大期には黒点によって遮蔽される放射よりも白斑からの放射が総計で上回ることから起こるとしている．

---

[1] Solar Maximum Mission

CHAPTER11 太陽からやってくるもの

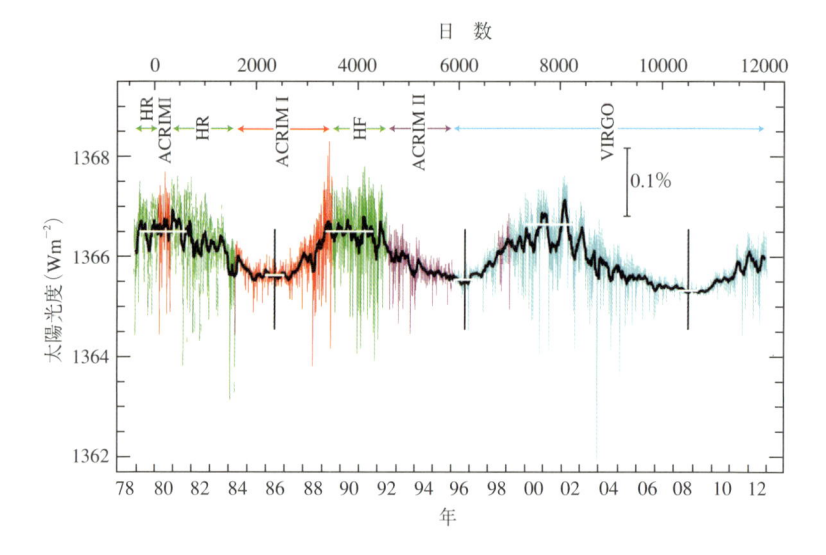

図 11・1 宇宙空間で測定された太陽光度変化
1978～2012 年に，いくつかの人工衛星で測定された太陽光度の変化をつないだもの．太陽活動にしたがって 0.1％程度の変動が見られる（極大期に明るくなる）．
（提供：Claus Fröhlich and pmodwrc）

　太陽光度の 11 年周期が地球の気候に直接影響を及ぼすとは少し考えにくい．ダグラスとクレイダー（2002 年）によると，太陽光度の変動量 ΔI W/m^2，地表付近の温度の変動量 ΔT K の間には，$\Delta T = (0.11 \pm 0.02) \Delta I$ という関係があるとされ，$\Delta I = 1.4$ W/m^2（0.1％の変動に相当）としても，ΔT は 0.15 K にすぎない．地球の温度は大気や海洋による緩衝効果があるため，ある地点での気温の変動はむしろ海流や火山活動など局地的な変化に左右されることのほうが多いからである．だがよくよく調べると気温と黒点数には相関が見られるのではないかという報告も出ている．

　黒点は平均して 11 年の周期で数が増減するが，極小期から次の極小期までをサイクルと呼んでいる．サイクルの長さは 18 世紀以降では 9.7 年～11.8 年の間で変動することがわかっている．フリス＝クリステンセンとラッセンは，北半球における気温の平均気温（1951～1980 年）からのずれと黒点サイクルの長さはとてもよく似た変化を示すことを見つけた（1991 年，図 11・2）．黒点

サイクルが長いと気温が下がり，短いと気温が上がる傾向が見られる．同じような結果は，バトラーとジョンストンによるアイルランド・アーマーでの1795年以来の気温データと黒点サイクル長の比較でも出ている（1994年）．気温と黒点サイクル長の相関がどのような理由で生じるのかは明らかではないが，今後注目に値する関係といえるかもしれない．

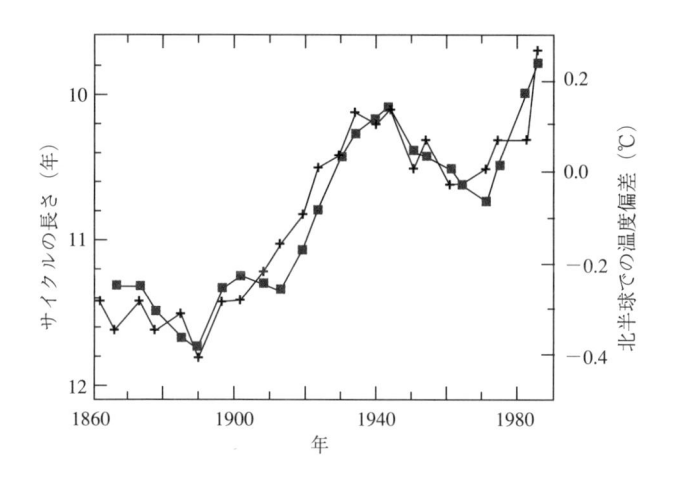

図11・2 黒点サイクルの長短と気温偏差
＋印が黒点サイクルの長さ（左縦軸），■が気温偏差（右縦軸）を示す．
(Friis-Christensen and Lassen, Science, 254, 698 (1991) より作成)

11.2 太陽は変光星か？

太陽光度は0.1％の程度で変動することがわかったが，コロナが関与する波長の短い電磁波の量についてはもっと劇的な変化が観測されている．図11・3は「ようこう」による8年にわたる太陽全面のX線画像であるが，その明るさにはずいぶん差があることがわかる．コロナの明るい部分が極大期には多く，極小期にはほとんど見られない．つまりコロナからのX線放射は太陽活動によって変動しているのである．紫外線についても同様で太陽活動に伴って10％程度の変動が記録されている．

私たちにとって，太陽はまさに恒星の1つとして，いつも同じように光って

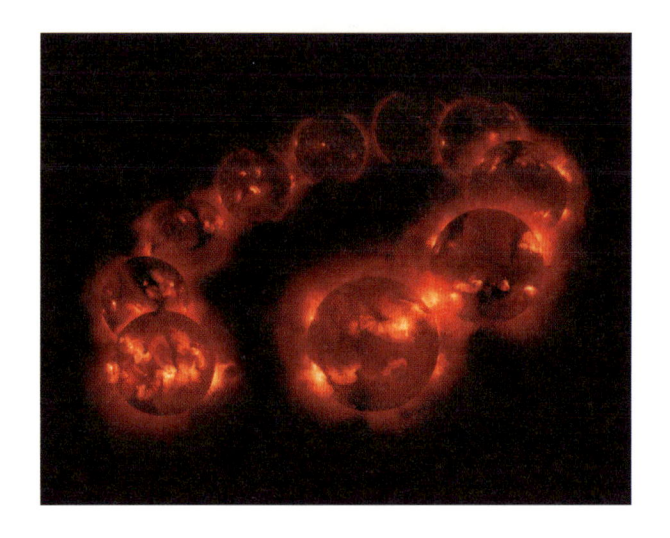

CHAPTER11　太陽からやってくるもの

図 11・3　変光する太陽
「ようこう」がとらえた 1992～1999 年の約 1 年ごとの X 線による太陽全面像．X 線でとらえた極小期の太陽はとても暗いことがわかる．（提供：JAXA）

いるように見える．しかし，地上からは観測することのできない X 線や紫外線の世界では，太陽は変光星といってもよいだろう．

11.3　太陽磁場が関与する？

　惑星間空間に広がる太陽からの磁場と関連して，太陽活動がさかんなときは，地球における雲の発生が少ないのではないかという研究結果が発表されている．
　地球には宇宙のどこかからやってくる高いエネルギーをもった宇宙線が降り注いでくる．電荷をもっている宇宙線は磁場と相互作用するため，太陽活動が活発で太陽磁場が地球付近まで引き出されていると，宇宙線は磁場に邪魔されて地球に進入するものが少なくなる．実際に宇宙線の量は太陽活動に応じた 11 年周期を示していて，極大期には少なく極小期には多く観測されている．一方でこの宇宙線は 10 億電子ボルトものエネルギーをもっているため，地球大気の対流圏までも到達する．宇宙線が対流圏上部で大気を電離して，できたイオンが凝結核となって雲粒を作るという機構が考えられるのである．

11.3　太陽磁場が関与する？

　スベンスマルクとフリス=クリステンセンは宇宙線の量と地球の雲量が似たような変化を示すことを見つけた（図11・4）．宇宙線の量に応じて，雲量も11年周期で3%程度の幅で増減するというのである．これが正しければ，太陽活動がさかんな時期には雲の発生が少なく，その分太陽光が地表まで多く届くことによって温度が上昇するという結果になる．

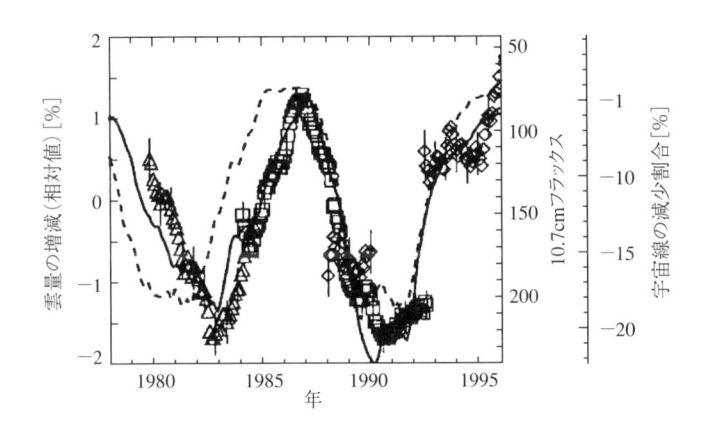

図11・4　宇宙線量と雲量
実線が宇宙線量，点線が太陽からの10.7cm電波フラックス（太陽活動の指標となる），記号が人工衛星による雲量．（Svensmark: Space Science Reviews 93, 175-185（2000）を元に作成）

　現在のところ，この「風が吹けば桶屋が儲かる」的な説には反論もある．そもそも地球の雲量を1%の程度で正確に測定できるのか，あるいは宇宙線の全エネルギーは微々たるもので，とても地球全体に影響を及ぼすことができないのではという趣旨のものである．また，過去1億年に及ぶ宇宙線量と温度との相関も調べられたりしているようであるが，そもそも相関を云々できるほどデータの信頼性がないという主張もされている．

　これは地球温暖化の問題ともからんで微妙な解釈が起こり得るが，日射量が増加すると気温が上昇し，海面からの二酸化炭素の気化が進むことで温室効果が促進され，さらなる気温の上昇を招くという正のフィードバックは働きうるのである．

CHAPTER11 太陽からやってくるもの

地球規模での気温の変動には，成層圏と対流圏の相互作用も関わるのではないかと考えられている．太陽活動がさかんになると，地球に降り注ぐ紫外線の量が増加する．すると成層圏でのオゾンの生成がさかんになり，そのオゾンがさらに紫外線を吸収することによって，成層圏での温度上昇が起こる．一方で，準2年振動と呼ばれる赤道帯での成層圏で，約2年周期で風向きが変化する現象があり，これが対流圏と相互作用することで気温にも影響を与えるのではないかというものだ．

この問題については太陽物理学だけでなく地球電磁気学・大気科学・気象学が連携して，それぞれの物理過程を明らかにし，さらにそれらがどのように関連しあっているかを研究していく必要があるだろう．

11.4 太陽の長期的活動と地球

黒点の出現緯度に関する法則を発見したシュペーラーは過去の黒点の記録にも目を向け，ガリレオが黒点を発見してしばらく後の，1600年代半ばから1700年初めにかけてのおよそ70年間，黒点の出現記録がほとんどないことに気づいた．その仕事を受け継いだマウンダーは黒点の記録を丹念に調べ，確か

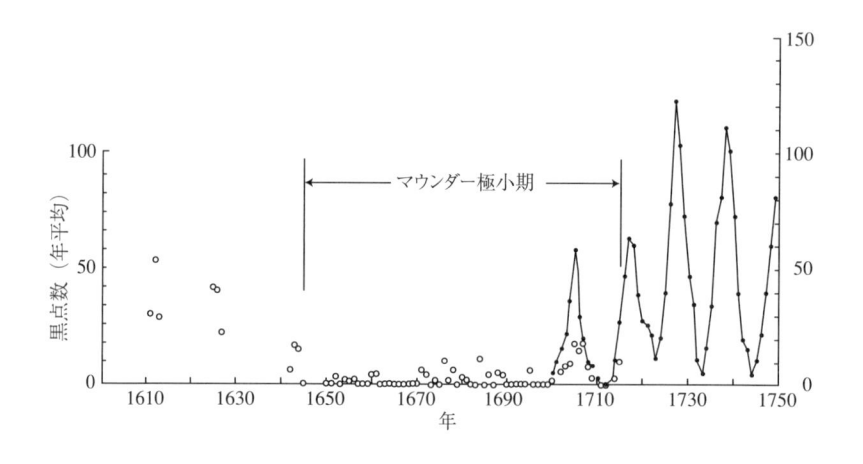

図11・5　1610〜1750年の黒点出現の様子
○はエディが推定した黒点数．1700年以降の折れ線はワルドマイヤーによる値．（Eddy: Science, 192, 1189（1976）を元に作成）

11.4 太陽の長期的活動と地球

に1645〜1715年にかけての約70年間，太陽面にはほとんど黒点が出現しなかったことを明らかにした（1893年）．1600年代後半には，カッシーニの主導のもとでパリ天文台において組織的な太陽観測が始まっていたので，黒点の記録がないのは当時の観測の不備とは考えられなかった．しかしなぜかこのマウンダーの重要な発見はしばらくの間忘れ去られてしまう．

1970年代になってエディがマウンダーの論文に目をとめ，黒点の記録だけでなく世界中の太陽活動に関わる記録にあたってみたところ，1645〜1715年には黒点がほとんど出現しなかったことは確実となった（図11・5）．11年ごとにやってくる黒点の少ない時期は極小期と呼ばれるが，エディはこのような数十年にわたって黒点が現れなかった時期が過去に繰り返しあったと考えてグランド極小期と呼び，マウンダーが発見したグランド極小期をマウンダー極小期と名づけた（1976年）．

黒点の記録が始まる以前の太陽活動の様子を調べる方法として，樹木に取り

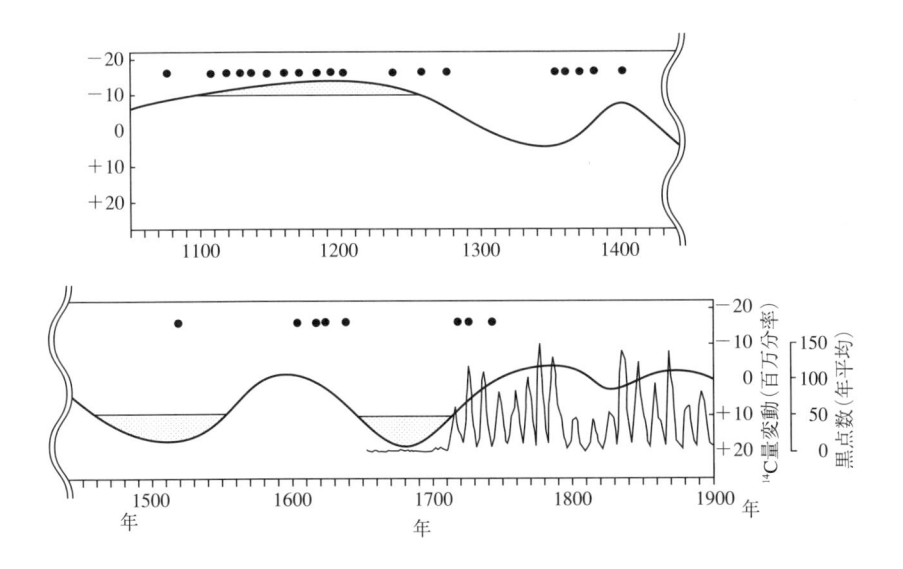

図11・6　1000〜1900年の太陽活動の様子
曲線は年輪の調査から求められた ^{14}C 変動．影がついているのは変動値が10 ppmを超えたところ．●は肉眼黒点が記録されている時点を示す（神田茂による）．1700年以降の折れ線はワルドマイヤーによる．（Eddy: Science, 192, 1189（1976）を元に作成）

込まれた放射性の炭素（^{14}C）の測定や，北半球におけるオーロラの出現状況の調査がある．どちらも黒点の出現とよい相関があることがわかっている[2]．これらのデータを総合すると，1000年以来少なくとも4回のグランド極小期が起こっているようである（図11・6）．1280〜1340年頃のものはウォルフ極小期，1460〜1550年頃のものはシュペーラー極小期と呼ばれる．マウンダー極小期の後，1790〜1820年頃はダルトン極小期と呼ばれ，それぞれ太陽黒点の周期活動について研究した人の名が付されている．

このようなグランド極小期の特徴として，地球の寒冷化との相関が考えられる．何十年かにわたって寒冷な気候が続く小氷期がヨーロッパではこの数百年に2度発生している．このような時期には，アルプスで氷河の発達や森林限界の低下が見られたり，大きな川や運河が凍結するなどの現象が観察され，また農作物の不作による飢饉が多く発生している．それがちょうどシュペーラー極小期とマウンダー極小期の時期と一致しているのである．他方，1100〜1250年頃は太陽活動がさかんな時期が続いたようで，グランド極大期と呼ばれている．この頃の地球は全般に温暖で，現在氷雪に閉じこめられているグリーンランドは，当時文字通り緑の島で，バイキングが一時期入植したという記録もあるようだ．日本では平安時代後期にあたるが，熱帯地方に見られるマラリアが当時日本でも流行したといわれている．

このようなことから長期にわたる黒点の出現状況の変化は，地球における気候変化をもたらすのではないかと考えられるようになってきた．先に述べたスベンスマルクとフリス＝クリステンセンの仮説によれば，黒点活動の低下によって太陽からの磁場による宇宙線への妨害が減り，地球に多くの宇宙線が進入することで大気のイオン化が進み，凝結核が増加し雲量が増え，そのせいで気温が低下したという流れになる．マウンダー極小期には屋久杉に含まれる^{14}C量から，宇宙線量が約2%増大していることも確かめられている．残念ながら雲量の測定はないが，状況としては整合しているといってよいだろう．あるいは併せて黒点が少ないことで太陽放射量そのものも下がった可能性もある．

---

[2] ^{14}Cは大気中の窒素分子に宇宙線が衝突してできるため，太陽活動がさかんだと存在比が小さくなる．また，大規模なオーロラは太陽活動に伴う擾乱が地球磁気圏に影響して起こる場合が多いため太陽活動の指標となりうる．

地球の気候変動が太陽活動に依存するものとしても，太陽の放射エネルギーそのものの変化によるのか，磁気的活動の変化による2次的なものなのか十分にはわかっていない．そもそも地球という複雑なシステムとの関係は単純ではないため，太陽放射量のさらに長期にわたる観測，大気中の水蒸気量の長期の測定など，綿密かつ継続的な研究が必要となるだろう．

11.5 太陽の過去をさらに明らかに

地球の気候変動と太陽活動の相関があるならば，地球の過去の気候を反映する資料から太陽活動を推定することができるはずである．南極の氷は雪が積もってそれが押し固められたものであるから，そこには過去の気候の記録が保存されている．氷を掘り下げて採取したものをアイスコアというが，そこには二酸化炭素やメタンといった温室効果ガスが気泡として取り込まれているため，それぞれの時期の存在量を見積もることができる．また酸素はほとんどが^{16}Oであるが，安定な同位体として^{18}Oがあり，水が蒸発するときには^{16}Oの水の方が^{18}Oの水よりも蒸発しやすい傾向にある．このことから，気温が低いと雪として降る水に含まれる^{18}Oの比率が下がることになるため，同位体比を調べることで温度も推定することができる．また太陽からの紫外線やX線，それに宇宙線によって成層圏で生成される硝酸イオンや宇宙線起源の^{10}Beもアイスコアに閉じこめられていて，こちらから太陽活動を推定することができるのではないかと考えられている．

過去の太陽活動はアイスコアの解析によって明らかになっていくであろうが，過去の記録からは太陽活動と温室効果ガス濃度・気候との相関は見出すことができても，どちらが原因でどちらが結果かを見極めることが難しい．気温の上昇は温室効果ガスの増加より前に起こるという分析もあるようだ．加えて地球の気候変化には他にも地球の軌道要素や地軸の傾きの長期的な変動が関与している（ミランコビッチ周期）という説もあり，やはりいろいろな視点から総合的に解析していくことが重要と考えられる．

11.6 CMEとシグモイド

スカイラブにおけるコロナグラフの観測で，太陽から惑星間空間に向けて巨

CHAPTER11 太陽からやってくるもの

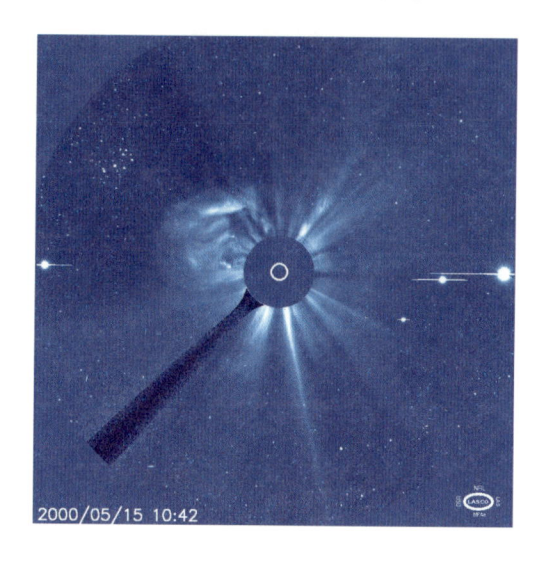

図 11・7 SOHO が観測した CME
プレアデス星団の方にひろがって見えるループ状の構造が
CME.　　　　　　　　　　　　（提供：LASCO/SOHO）

大なプラズマの塊が毎秒 100〜1000 km という猛スピードで放出される現象が見つかった．この現象はコロナ質量放出（CME）[3]と呼ばれている．コロナ中に放出される物質の量は 10^{12}kg にも及ぶことがある．解放されるエネルギーは 10^{24-25} J と見積もられていて，フレアに匹敵する大規模な現象である．1995年 12 月に打ち上げられた SOHO にもコロナグラフ（LASCO）が搭載されていて，休みなしにコロナのモニタが行われている．LASCO の画像では，非常にしばしばループ状のコロナ物質が，惑星間空間に放出されていく様子が記録されている（図 11・7）．

太陽の正面で起こるハロー[4] CME は，地球への影響が大きいことが予想される．地球に向かって大量のプラズマが飛来するからである．では CME は予報可能なのだろうか．「ようこう」と SOHO の観測から，活動領域中に軟 X

---
[3] cornal mass ejection
[4] こちらに向かってくるから hello ということではなく，太陽を中心に広がってくるように見えるので halo と呼ばれる．

11.6 CME とシグモイド

線で明るく光る S 字状の構造が出現することがあり,これが数日たつとエネルギー解放を起こして消滅し,それに伴って CME が発生するらしいことが明らかとなってきた(図 11・8).「ようこう」の観測からは,CME の際にもコロナ中でカスプ構造(§9・11)が見られることがわかり,CME も本質的には長寿命フレアと同じ現象であると考えられている.

CME の前兆となるこの S 字状の構造をシグモイドと呼び,そのねじれた構造は磁力線がなんらかの運動によって変形を受けたことを意味している.磁場が変形するとそこには電流が流れることによりエネルギーが蓄積される.そしておそらくはコロナ内での磁力線のリコネクションがきっかけとなり,ねじれがほどけてエネルギーがコロナ中に大量に送り込まれ,プラズマの爆発的な膨張を引き起こすのであろう.大規模な CME が起こったあとは,確かにコロナ物質が失われているという観測結果も出ている.

すべての CME にシグモイドが関与しているかどうかはまだ観測的には明らかとなっていないが,シグモイドは CME 予報のための 1 つの重要な手がかりであることはほぼ間違いないといえるだろう.また,シグモイドと光球面磁場の関係はまだ明らかではないが,今後地上あるいはスペースからの磁場観測と併せて CME の確実な予報が可能となるものと期待したい.

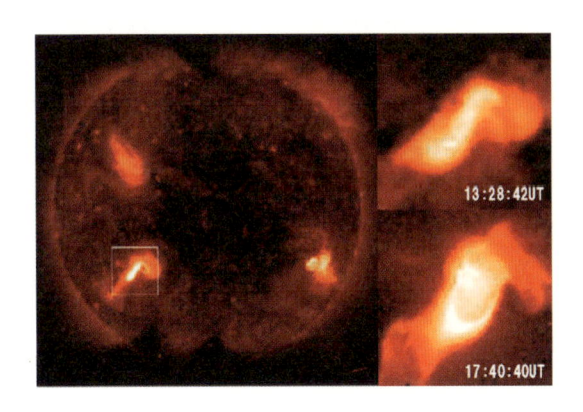

図 11・8 シグモイド(1997 年 4 月 7 日)
「ようこう」で観測された X 線で明るく光る S 字状の構造.時間が経過するとカスプ構造が現れてくる.(提供:JAXA)

11.7　地球磁気圏とオーロラ

　地球は北極を S 極・南極を N 極とする磁場にすっぽりとおおわれている．太陽から絶えず流れ出す太陽風がこの地球磁場に吹きつけると，太陽風の流れが変えられると同時に地球磁場も変形を受けることになる（図 11·9）．地球磁場と太陽風がせめぎあう境目の内側の空間を地球磁気圏と呼んでいる．太陽側から見ると，地球磁気圏の半径は地球半径のおよそ 20 倍である．

　地球磁気圏が形成されることによって，地球は自らの断面積よりも 400 倍も手を広げて太陽風のエネルギーを受け止めていることになる．実際には，流れのほとんどはそらされてしまい，10％程度が地球磁気圏内に影響を及ぼしていると見積もられている．

　もし地球磁場がなかったら，地球大気は太陽風に直接さらされることになるが，太陽風のエネルギーは電離圏プラズマとの相互作用で吸収されてしまい，成層圏や対流圏といった大気の下層にはあまり影響がないと考えられている．ただし，高エネルギー粒子の進入は増えるため，長期的には大気構造の変化につながる可能性はあるだろう[5]．

　地球磁気圏が存在することで，太陽と地球は磁場とプラズマ流によってつながっていることになる．というより，地球は重力のみならず電磁気力によっても太陽の支配下にあると言ってもいいかもしれない．

　地球磁気圏の形に注目すると，太陽に向かう昼側ではあたかも楯のような形になっているが，太陽と反対の夜側では吹き流しのような形になっている．そして，おそらく太陽風とともに太陽から引きずり出された磁力線と磁気圏との相互作用によって磁気圏の一部に通り道ができ，太陽風プラズマは磁気圏に進入し夜側に回り込む．そしてプラズマシートと呼ばれるたまり場を，磁場が反平行となって中性面となっている部分に形成する．

　プラズマシートにはプラズマ粒子がたまりっぱなしになるのではなく，何らかのきっかけで最寄りの磁力線に沿って加速され地球に降り注ぐ．地球磁場の

---

[5]　地球磁場は数万〜100 万年くらいで逆転を繰り返している（太陽の 11 年にくらべるとはるかに長い）．逆転期には磁場が極端に弱まるとも考えられていて，その時期に生物活動の変化が認められるという説もある．なお，地球磁場が逆転するのは，成因が永久磁石ではなく，太陽と同じくダイナモであることによる．

11.7 地球磁気圏とオーロラ

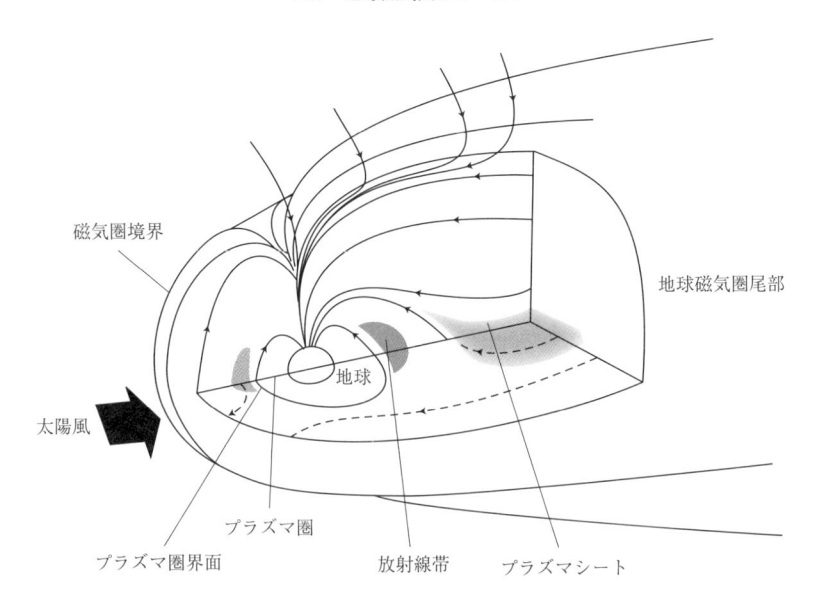

図 11・9 地球磁気圏
磁気圏を 1/4 カットして磁場やプラズマの分布を示したもの．（在田一則・竹下徹・見延庄士郎・渡部重十編著『地球惑星科学入門』北海道大学出版会（2010年）より）

形から想像できるように，行先は地球の両極付近となる．プラズマ粒子は地球大気を構成する原子・分子にぶつかってエネルギーを与え，そのエネルギーはやがて光として放出される（表11・1）．これがオーロラである．地球磁気圏の夜側におけるこのようなエネルギー解放現象はサブストームと呼ばれ，夜側に貯えられたプラズマ粒子が，地球の電離圏や大気に進入することができるようになる．その結果，中・低緯度において地磁気が減少する磁気嵐や，極域でのオーロラが誘発されるのである．

表 11・1 主なオーロラ輝線

酸素原子	557.7 nm（緑），630.0〜636.3 nm（赤）
窒素分子	646.9〜687.5 nm（赤）
窒素分子イオン	391.4, 427.8 nm（青）

（国立天文台編『理科年表』丸善（2013年）より）

CHAPTER11　太陽からやってくるもの

　オーロラは太陽風プラズマが引き起こす現象ではあるが，太陽風が直接吹き付けて起きるのではないことに注意しておきたい[6]．先に述べたように，いったんプラズマシートに貯えられたプラズマ粒子がいわば逆流して大気に突入してくるのである．そのきっかけは，太陽面で起こるフレアと同様に磁場のつなぎかえ（リコネクション）と考えられている．おおまかにはフレアのモデル（図9・9）を時計回りに90°回転させて，左が地球・右が夜側と考えればいいだろう．この図から，オーロラは両極で同時に発生するという事実も説明できる．

　オーロラは地磁気極（2010年現在北緯80°・西経72°付近および南緯80°・東経108°付近）を中心とした円環状の地域で見られ，特に地磁気緯度が65～70°の地域[7]では年に100回以上も出現することからオーロラ帯と呼ばれている．地磁気北極はグリーンランド北西部にあるため，日本列島は地磁気緯度が低い．そのため北海道付近でようやく10年に1度くらいの出現頻度にすぎない．

　オーロラと太陽活動との関係であるが，太陽活動極大期には北海道のような低緯度で北の空が赤く染まるようなオーロラが観測されることがある．赤いオーロラは酸素原子が比較的高い高度（250 km）で発光するもので，低緯度でも見られるのである．しかしながら，オーロラ帯付近では太陽活動とオーロラ活動は必ずしも相関があるわけではない．オーロラは太陽表面での活動そのものよりも，惑星間空間の変動に影響されやすく，CMEやコロナホールとの関連が強いと考えられている．つまり，太陽活動が活発な時期だとフレアやそれに伴うCMEなどによる高エネルギー粒子の飛来が，太陽活動の弱い時期にはコロナホールなど高速太陽風が寄与していることになる．

　オーロラがいつ見られるかについては，オーロラ帯に出かける限りあまり心配しなくてもよい．ただ乱舞する色鮮やかなオーロラを見るためには，人工衛星による太陽コロナの状況や，地磁気の変化から予想するしかなさそうである．

---

[6] 太陽風が直接侵入するカスプ流入オーロラという現象もあるが，昼間の現象となるため観測は難しい．
[7] シベリヤの北極海沿岸，スカンジナビア半島北部，アイスランド付近，グリーンランド南部，ハドソン湾，アラスカ北部

11.8 宇宙天気予報

おそらく1960年頃までは，太陽風はまさにどこ吹く風であって市民生活にはほとんど何も関係なかった．しかし大気圏外を含めた地球規模の活動が定着するにつれて，これを無視することはできなくなってきた．

スペースシャトルや宇宙ステーションでの有人宇宙活動や，電波による遠距離の通信や衛星放送，それに地球上に張り巡らされた送電や輸送（パイプラインなど）・通信（海底ケーブルなど）のための設備は，太陽からの電磁波やプラズマ流・そしてこれらが原因となる磁気嵐の影響をまともに受けるのである（図11・10）．電気を通すものがあって，その周辺で磁場を変化させると電流が発生することを中学校で学習するが，特に地磁気擾乱の地上施設への影響についてはそれと同じことが大規模に起こると考えればよい．したがって，太陽活動やそれに伴う惑星間空間の変動を正確に観測し，予報・警報を発するシステムが必要となってきた．このようなシステムを，地上の天気予報になぞらえて宇宙天気予報と呼んでいる．

実際に太陽における大規模なエネルギー現象による次のような事例が起きている．

①電線被害

1859年9月1日にキャリントンが人類史上初めてフレアを観測したが，この約18時間後に大磁気嵐が起こった．おそらくは地球に向かう大規模なCMEを伴う現象であったのだろう．この磁気嵐によって当時スタートしたばかりの電信システム網に大きな誘導電流が流れ，電線が焼き切れ火災が発生するなどの被害が発生した．

また1989年3月13日には，太陽面で起こった大規模なフレアが引き金となって発生した磁気嵐により，カナダ・ケベック州では送電線に誘導電流が流れ変電施設が破壊されたため600万人もの人が影響を受ける10時間に及ぶ大停電となった．このときは合衆国南部のフロリダ付近でも低緯度オーロラが観測されている．

②電波障害

フレアにより発生するX線は，地球電離層の電離を促し電子密度を上昇させる．そうなると短波帯の電波が電離層に吸収されてしまい通信ができなくな

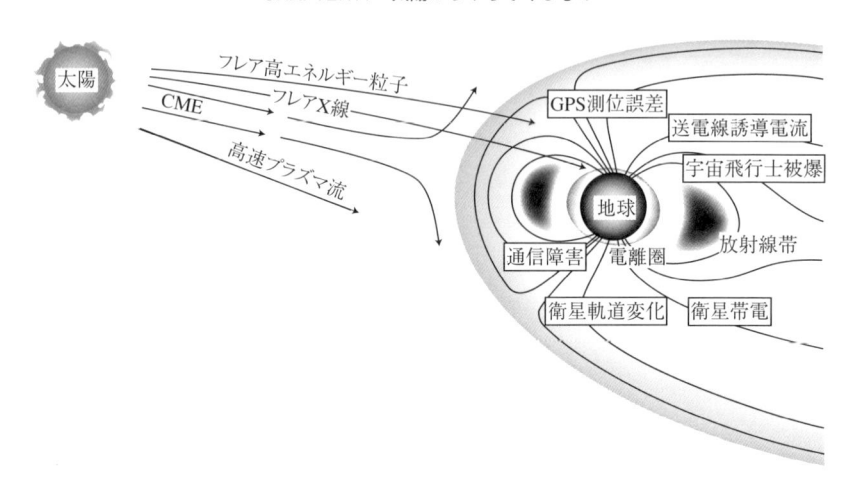

図 11・10　惑星間空間の擾乱と障害
（渡邊誠一郎・檜山哲哉・安成哲三編『新しい地球学 太陽―地球―生命圏相互作用系の変動学』）
（名古屋大学出版会（2008 年）より）

るデリンジャー現象と呼ばれる現象が起こる．2001 年 4 月 3 日には大規模フレアに伴う X 線放射によって，これまで最長級の 6 時間に及ぶデリンジャー現象が発生した．

③人工衛星機能停止

　2000 年 7 月 14 日の大フレア（1789 年フランス革命のバスチーユ牢獄襲撃の日にちなんでバスチーユ・フレアとも呼ばれる）によって地球大気膨脹と激しい磁気嵐が発生し，その影響で日本の X 線天文観測衛星「あすか」の姿勢制御が不可能となり運用停止に追い込まれた．「あすか」はその後 2001 年 3 月 2 日に大気圏に突入し消滅した．

　2003 年 10 月 23 日に起こったフレアに伴い 24 日に起こった磁気嵐によって，日本の環境観測技術衛星「みどりⅡ」の電源系統が故障し運用停止に追い込まれた．次いで 10 月 28 日に起こった史上最大規模のフレアに伴う電磁放射により，データ中継技術衛星「こだま」に異常が生じた．翌 29 日には磁気嵐が発生し，また北海道や群馬県では低緯度オーロラが観測された．

　このような現象を原因別にまとめると表 11・2 のようになる．

11.8 宇宙天気予報

表 11・2 太陽活動が人間活動に及ぼす影響

原因	主に発生する障害
太陽フレア粒子	有人宇宙活動での放射線被曝，人工衛星の動作エラー・材料劣化
電磁放射	大気膨張による衛星軌道変化，通信障害（デリンジャー現象）
地磁気嵐	送電システム・パイプラインへの誘導電流

日本における宇宙天気予報業務は，独立行政法人・情報通信研究機構（NICT）が関連研究機関・大学などと協力しながら行っている．こういった監視業務には国際協力が欠かせない．現在 NICT を含めて世界で 11 の機関がネットワーク（国際宇宙環境サービス）を組んで，24 時間連続の観測，データの交換および情報公開を行っている．

私たちが普段の生活をしていく上でも，宇宙天気予報が必要になる時代もそれほど遠い未来ではないのかも知れない．

CHAPTER 12

これからの太陽

　太陽が星間ガスの収縮により 1 つの恒星として誕生してから，約 46 億年が経過している．最初期には現在の 0.7 倍の明るさしかなかった[1]と考えられる太陽が次第に明るさを増し，長期間にわたって安定して地球に放射エネルギーを届けてきた．太陽はこれからどうなるのだろうか？

　恒星の進化については理論に基づいて計算が行われている．太陽は今後，水素の核融合反応が次第に中心核から周辺の殻状の部分で起こるようになり，中心核にはヘリウムがたまっていく．それに伴って徐々に明るさが増す．サックマンら（1993 年）の計算によると，太陽は今から約 64 億年後には放射するエネルギーが現在の約 2.2 倍になる（図 12・1）．そして約 77 億年後には半径が現在の約 170 倍に達し，水星と金星は太陽に飲み込まれてしまう（図 12・2）[2]．地球は現在，太陽半径の約 215 倍のところを回っているが，そのころには少し軌道が外側に移っているので飲み込まれる可能性はまずないから安心だ（誰が安心するのかは不明だが……）．しかしもう 1 つの心配は，エネルギー放射量がそのころには現在の約 2300 倍にもなることで，地球が灼熱の惑星になることは避けがたいようである．

　太陽はその後，急速に外層大気を失い，やがて高温・高密度の中心部のみがむき出しになった白色矮星となる．表面温度は約 1 万 K，1 cm^3 当たりの質量は数トンにもなる．しかし，白色矮星はもはや自らエネルギーを生み出すことはないため，数百億年をかけて次第に冷えていく．放出された外層大気は白色

---

[1] 初期の太陽の明るさについては，いまだ研究途上で 0.7 倍という値が確定しているわけではない．もっと重くて明るい星として出発し，質量流出によって現在の太陽になったという考えもある．
[2] 金星はぎりぎりセーフという可能性もある．太陽が質量を失うことで，軌道が外に移動するから．

CHAPTER12 これからの太陽

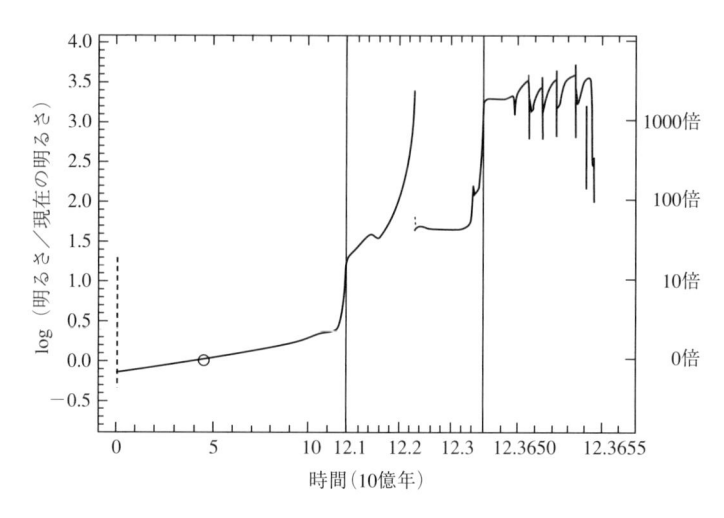

図 12・1 太陽の一生（明るさの変化）
現在の太陽光度を 1 としたときの太陽の光度変化．この例では誕生からおよそ 123 億 6535 万年後に現在の約 5200 倍という最大光度となる．（Sackman, Boothroyd and Kraemer, Astrophysical Journal, 418, 457（1993）より作成）

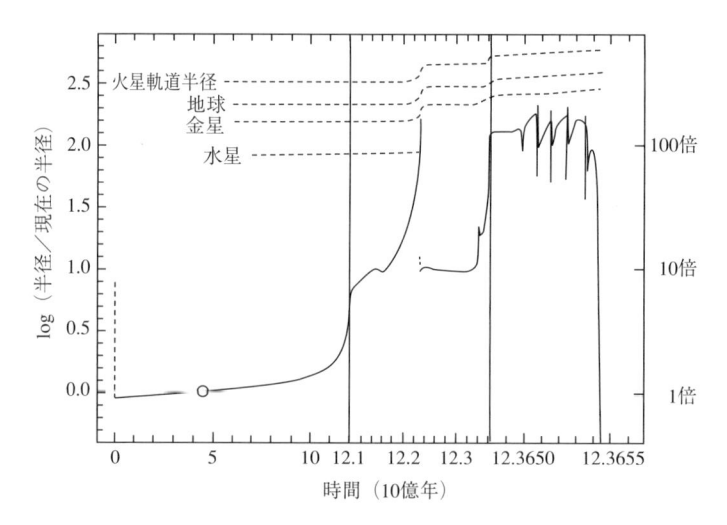

図 12・2 太陽の一生（大きさの変化）
現在の太陽半径を 1 としたときの太陽の半径の変化．この例では誕生からおよそ 123 億 6505 万年後に現在の約 213 倍という最大半径（実に 0.99 天文単位）となる．なお，水星〜火星の軌道半径の変化も示されている．（Sackman, Boothroyd and Kraemer, Astrophysical Journal, 418, 457（1993）より作成）

矮星から放射される紫外線によって輝き，太陽系外から望遠鏡で眺める生物がいたとしたら，惑星状星雲として記録されることになるだろう．この星雲は1万～数万年のうちには散逸し見えなくなってしまうことになるだろう．

放出されたガスやちりは，いずれどこかで新しい恒星や惑星系を作る材料となるが，こういう形で約120億年の太陽―太陽系の一生は完結するのである．

付録　太陽物理学歴史年表

年	人名	事項
1609	ガリレオ【イタリア, 1564-1642】 （Galilei, Galleo） ファブリツィウス【ドイツ, 1587-1615】 （Fabricius, J.） シャイナー【ドイツ, 1575-1650】 （Scheiner, C.）	望遠鏡による太陽黒点の発見（§6.1）
1666	ニュートン【イギリス, 1642-1727】 （Newton, I.）	光の分散の実験（§5.1）
1774	ウィルソン【スコットランド, 1714-1786】 （Wilson, A.）	黒点がへこんでいること（ウィルソン効果）を発見（§6.4）
1795	ハーシェル【イギリス, 1738-1822】 （Herschel, F.W.）	黒点形成論（§6.4）
1801	リッター【ドイツ, 1776-1810】 （Ritter, J.W.）	紫外線を発見
1802	ウォラストン【イギリス, 1766-1828】 （Wollaston, W.H.）	太陽スペクトル中に暗線発見（§5.1）
1814	フラウンホーファー【ドイツ, 1787-1826】 （Fraunhofer, J.）	太陽スペクトル分析の基礎確立（§5.2）
1842	ドップラー【オーストリア, 1803-1853】 （Doppler, J.C.）	相対運動による振動数変化（ドップラー効果）発見（COLUMN2）
1843	シュワーベ【ドイツ, 1789-1875】 （Schwabe, S.H.）	黒点数の増減周期（約10年）発見（§6.2）
1845	フィゾー【フランス, 1819-1896】 （Fizeau, A.H.L.）	初の太陽写真撮影
1849	フーコー【フランス, 1819-1868】 （Foucault, J.B.L.）	スペクトル線の研究（§5.3）
1856	ウォルフ【スイス, 1816-1893】 （Wolf, J.R.）	黒点活動の11年周期確定，活動指標（ウォルフ相対数）の考案（§6.2）
1859	キャリントン【イギリス, 1826-1875】 （Carrington, R.C.） ホジソン【イギリス, 1804-1872】 （Hodgeson, R.）	フレアをはじめて観測（§9.1）
1860	キルヒホッフ【ドイツ, 1824-1887】 （Kirchhoff, G.R.） ブンゼン【ドイツ, 1811-1899】 （Bunsen, R.W.）	フラウンホーファー線の解釈，天体分光学の確立（§5.3）
1861	シュペーラー【ドイツ, 1822-1895】 （Spörer, G.F.W.）	活動周期内での黒点出現緯度変化を発見（§6.2）

年	人名	事項
1863	キャリントン【イギリス, 1826-1875】 （Carrington, R.C.）	緯度による太陽自転周期の差（差動回転）を発見（§6.2）
1864	セッキ【イタリア, 1818-1878】 （Secchi, A.）	彩層・プロミネンスの実視観測
1868	ジャンセン【フランス, 1824-1907】 （Janssen, P.J.C.） ロッキャー【イギリス, 1836-1920】 （Lockyer, J.N.）	太陽プロミネンスに黄色輝線（ヘリウム）発見（§5.4）
1869	ヤング【アメリカ, 1834-1908】 （Young, C.A.） ハークネス【アメリカ, 1837-1908】 （Harkness, W.）	皆既日食時にコロナ輝線発見（§8.1）
1871	レイリー【イギリス, 1842-1919】 （Load Rayleigh, Strutt, J.W.）	粒子による光の散乱（レイリー散乱）定式化
1879	ステファン【オーストリア, 1835-1893】 （Stefan, J.）	黒体放射の実験式導出（§3.2, 5.7）
1884	ボルツマン【オーストリア, 1844-1906】 （Boltzmann, L.）	黒体放射の理論（§3.2, 5.7）
1885	バルマー【スイス, 1825-1898】 （Balmer, J.J.）	水素原子スペクトルの系列発見（§5.6）
1891	ヘール【アメリカ, 1868-1938】 （Hale, G.E.） デランドル【フランス, 1853-1948】 （Deslandres, H.A.）	スペクトロヘリオグラフ（太陽分光写真儀）発明（§6.6）
1893	マウンダー【イギリス, 1851-1923】 （Maunder, E.W.）	1645〜1715年の無黒点期（マウンダー極小期）の発見（§11.2）
1893	ウィーン【ドイツ, 1864-1928】 （Wien, W.）	放射に関するウィーンの変位則（§5.7）
1896	ゼーマン【オランダ, 1865-1943】 （Zeeman, P.）	磁場によるスペクトル線分離（ゼーマン効果）発見
1897	ローランド【アメリカ, 1848-1901】 （Rowland, H.A.）	太陽スペクトル線の図表完成
1900	プランク【ドイツ, 1858-1947】 （Planck, M.）	電磁放射の法則（§5.7）
1904	トムソン【イギリス, 1856-1940】 （Thomson, J.J.）	自由電子による電磁波の散乱（トムソン散乱）（§8.3）
1905	アインシュタイン【ドイツ, 1879-1955】 （Einstein, A.）	特殊相対性理論発表（§4.2）
1906	シュワルツシルト【ドイツ, 1873-1916】 （Schwarzschild, K.）	周辺減光から光球の構造を解明（§5.10）

年	人名	事項
1907	エムデン【スイス, *1862-1940*】 （Emden, R.）	恒星の重力平衡に関するガス球理論（§4.1）
1908	ヘール【アメリカ, *1868-1938*】 （Hale, G.E.）	黒点磁場の発見（§6.7）
1909	アボット【アメリカ, *1872-1973*】 （Abbot, C.G.）	ラジオメータ（放射計）の開発，太陽定数の測定（§3.2）
1909	エバーシェッド【イギリス, *1864-1956*】 （Evershed, J.）	黒点周囲のガス運動（エバーシェッド流）発見（§6.9）
1919	ヘール【アメリカ, *1868-1938*】 （Hale, G.E.） ニコルソン【アメリカ, *1891-1963*】 （Nicholson, S.B.）	黒点の極性に関する法則発見（§6.7）
1920	サハ【インド, *1893-1956*】 （Saha, M.N.）	恒星表面の電離度と温度・電子圧の関係（サハの電離式）導出（§5.5）
1922	マウンダー【イギリス, *1851-1923*】 （Maunder, E.W.）	黒点出現の蝶型図作成（§6.2）
1926	エディントン【イギリス, *1882-1944*】 （Eddington, A.S.）	恒星内部構造論（§4.1）
1926	ヘール【アメリカ, *1868-1938*】 （Hale, G.E.）	スペクトロヘリオスコープの発明（§9.2）
1928	セント=ジョン【アメリカ, *1857-1935*】 （St.John, C.E.） ムーア【アメリカ, *1898-1990*】 （Moore, C.E.）	太陽スペクトルの吸収線表の改訂
1930	リオ【フランス, *1897-1952*】 （Lyot, B.）	コロナグラフの発明，日食外コロナの初観測（§8.2）
1931	ウンゼルト【ドイツ, *1905-1995*】 （Unsöld, A.）	水素対流層の理論（§4.4）
1933	リオ【フランス, *1897-1952*】 （Lyot, B.）	複屈折干渉フィルター（リオフィルター）の発明（§7.3）
1938	ベーテ【アメリカ, *1906-2005*】 （Bethe, H.A.） ヴァイツゼッカー【ドイツ, *1912-2007*】 （Weizsäker, C.F.）	恒星内部の核反応サイクル理論（§4.2）
1939	ヴィルト【ドイツ, *1905-1976*】 （Wildt, R.）	水素負イオンによる連続吸収を提唱（§3.5）
1940	エドレン【スウェーデン, *1906-1993*】 （Edlen, B.） グロトリアン【ドイツ, *1890-1954*】 （Grotrian, W.）	コロナ輝線の生成機構解明（§8.4）

年	人名	事項
1942	ヘイ【イギリス, *1909-1990*】 （Hey, J.S.）	太陽電波（メートル波）検出（§9.14）
1942	サウスウォース【アメリカ, *1890-1972*】 （Southworth, G.C.）	太陽電波（マイクロ波）検出
1943	宮本正太郎【日本, *1911-1992*】 （Miyamoto, S.）	コロナの温度を理論的に導出（§8.4）
1944	アルベーン【スウェーデン, *1908-1995*】 （Alfvén, H.O.G.）	磁気流体波によるコロナ加熱理論（§8.6）
1945	チャンドラセカール【インド, *1910-1995*】 （Chandrasekhar, S.）	水素負イオンによる連続吸収の理論（§3.5）
1951	バブコック【アメリカ, *1882-1968*】 （Babcock, H.D.） バブコック【アメリカ, *1912-2003*】 （Babcock, H.W.）	微小磁場観測装置（マグネトグラフ）発明，一般磁場発見（§6.7）
1955	パーカー【アメリカ, *1927-*】 （Parker, E.N.）	黒点浮上磁場モデル（§6.8）
1956	海野和三郎【日本, *1925-*】 （Unno, W.）	太陽面磁場を求める海野の方法を導出（COLUMN3）
1958	パーカー【アメリカ, *1927-*】 （Parker, E.N.）	太陽風の理論（§10.3）
1960	レイトン【アメリカ, *1919-1997*】 （Leighton, R.B.）	太陽面速度場の精密測定（§4.6）

＊「年」は発見年であったり論文発表年であったりするので目安と考えること．
＊「人名」の読みは原語に近いものにしたが，学術用語集にあるものはそれに依った．

太陽関連探査機　年表

年	事項
1973	スカイラブ実験（1973-1974）（§8.8, 10.5）
1977	惑星探査機ボイジャー1号（9月5日），2号（8月20日）打ち上げ（§10.8）
1981	太陽観測衛星「ひのとり（ASTRO-A）」打ち上げ（2月21日）
1990	「ユリシーズ」発進（10月6日）（§10.7）
1991	太陽観測衛星「ようこう（SOLAR-A）」打ち上げ（8月30日）（§9.9）
1995	太陽観測ステーション「ソーホー（SOHO）」打ち上げ（12月2日）（§4.8）
1998	太陽観測衛星「トレース（TRACE）」打ち上げ（4月2日）（§8.10）
2002	太陽観測衛星「レッシ（RHESSI）」打ち上げ（2月5日）（§8.10）
2006	太陽観測衛星「ひので（SOLAR-B）」打ち上げ（9月23日）（§6.15）
2006	太陽観測ステーション「ステレオ（STEREO）」打ち上げ（10月25日）
2010	太陽観測衛星「エスディーオー（SDO）」打ち上げ（2月11日）

本文に対応したセクション番号を（　）内に示した．

参考文献

本書を執筆するにあたって以下の本を参考にした．著者・編者・訳者に感謝する．

● 和書

野附誠夫編『太陽（新版新天文学講座）』恒星社（1965年）
長沢進午著『太陽の科学』講談社ブルーバックス（1968年）
林忠四郎編『星の進化　その誕生と死』共立出版（1978年）
杉本大一郎著『宇宙の終焉』講談社ブルーバックス（1978年）
桜井邦朋著『太陽大気とその外延』東京大学出版会（1979年）
守山史生著『太陽　その謎と神秘』誠文堂新光社（1980年）
甲斐敬造著『太陽のドラマ』岩波ジュニア新書（1980年）
平山淳編『太陽（現代天文学講座）』恒星社（1981年）
斎藤尚生著『有翼日輪の謎』中公新書（1982年）
前田担著『太陽惑星環境の物理学』共立出版（1982年）
日江井榮二郎監修『太陽　母なる恒星の素顔』教育社（1984年）
中野重夫著『相対性理論』岩波書店（1984年）
加藤正二著『天文物理学基礎理論』ごとう書房（1989年）
桜井邦朋著『地球環境をつくる太陽』地人書館（1990年）
坂下志郎，池内了著『宇宙流体力学』培風館（1996年）
柴田一成，福江純，松本亮治，嶺重慎編『活動する宇宙』裳華房（1999年）
前田耕一郎著『電波の宇宙』コロナ社（2002年）
寺沢敏夫著『太陽圏の物理』岩波書店（2002年）
柴田一成，大山真満著『太陽　身近な恒星の最新像』裳華房（2004年）
秋岡眞樹編著『太陽からの光と風』技術評論社（2008年）
渡邊誠一郎，檜山哲哉，安成哲三編『新しい地球学』名古屋大学出版会（2008年）
桜井隆，小島正宣，小杉健郎，柴田一成編『太陽（シリーズ現代の天文学）』日本評論社（2009年）

日江井榮二郎著『太陽は 23 歳 !?』岩波科学ライブラリー（2009 年）
篠原学著『宇宙天気　変動するジオスペース』誠文堂新光社（2009 年）
柴田一成著『太陽の科学　磁場から宇宙の謎に迫る』NHK ブックス（2010 年）
國分征著『太陽地球系物理学』名古屋大学出版会（2010 年）
地球電磁気・地球惑星圏学会　学校教育ワーキング・グループ編『太陽地球系科学』
　　京都大学学術出版会（2010 年）
在田一則，竹下徹，見延庄士郎，渡部重十編著『地球惑星科学入門』北海道大学出
　　版会（2010 年）
NHK サイエンス ZERO 取材班＋常田佐久編著『太陽活動の謎 NHK 出版（2011 年）
柴田一成，上出洋介編著『総説　宇宙天気』京都大学学術出版会（2011 年）
上出洋介著『太陽と地球のふしぎな関係』講談社ブルーバックス（2011 年）
常田佐久著『太陽に何が起きているか』文春新書（2013 年）

●翻訳本
S. チャンドラセカール（長田純一訳）『星の構造』講談社（1973 年）
R.J. テイラー（中沢清・池内了訳）『星（上）その構造』共立出版（1974 年）
A. ウンゼルト（小平桂一訳）『現代天文学　第二版』岩波書店（1978 年）
H. アルベーン，C.-G. フェルトハマー（大林治夫訳）『宇宙電気力学』講談社（1980 年）
K.R. ラング（渡辺堯・桜井邦朋訳）『太陽　その素顔と地球環境との関わり』シュプ
　　リンガー・フェアラーク東京（1997 年）
J. A. エディ（上出洋介，宮原ひろ子訳）『太陽活動と地球』丸善出版（2012 年）

●洋書
H. Zirin "Astrophysics of the Sun" Cambridge University Press（1989）
P.V. Foukal "Solar Astrophysics" John Wiley & Sons, Inc.（1990）
M. Stix "The Sun – An Introduction（2nd Edition）" Springer（2004）

●雑誌
Publications of the Astronomical Society of Japan, Vol.59, SP3（2007）
岩波「科学」第 79 巻，第 12 号（2009 年）

●論文（著者，雑誌名，巻数，ページ，年）

CHAPTER 6

Ichimoto, K. et al. Publ. Astron. Soc. Japan 59, S593, 2007

Katsukawa, Y. et al. Science 318, 1594, 2007

Shimizu, T. et al. Astrophys. J. 747, L18, 2012

Ishikawa, R. & Tsuneta, S. Astron. & Astrophys. 495, 607, 2009

Tsuneta, S. et al. Astrophys. J. 688, 1374, 2008

CHAPTER 7

Kitai, R. Solar Phys. 87, 135, 1983

Nishikawa, T. Publ. Astron. Soc. Japan 40, 613, 1988

CHAPTER 8

Okamoto, T.J. et al. Science 318, 1577, 2007

Shibata, K. et al. Science 318, 1591, 2007

Shimizu, T. et al. Publ. Astron. Soc. Japan 44, L147, 1992

Hara, H. & Ichimoto, K. Astrophys. J. 513, 969, 1999

CHAPTER 9

Ichimoto, K. & Kurokawa, H. Solar Phys. 93, 105, 1984

Tsuneta, S. et al. Publ. Astron. soc. Japan 44, L63, 1992

Masuda, S. et al. Nature 371, 495, 1994

Ohyama, M. & Shibata, K. Astrophys. J. 499, 934, 1998

Shibata, K. et al. Astrophys. J. 431, L51, 1994

Hanaoka, Y. Publ. Astron. Soc. Japan 51, 483, 1999

CHAPTER 11

Sterling, A. & Hudson, H. Astrophys. J. 491, L55, 1997

Sakao, T. et al. Science 318, 1585, 2007

その他多くの論文・研究会等の集録・Webページなどを参考にした．

あとがき

　いま手元に 2000 年 9 月 19 日付けの本書の執筆依頼書がある．最初にいただいた書名は『ミレニアムの太陽―新世紀の太陽像』であった．なんとかその名で出せる間にと思っているうちに時期を逸してしまい，SOLAR-B（ひので）が打ち上がる前に出さないと新しい結果が次々に出て収拾がつかなくなるぞ，と危機感を抱いているうちに現にそういう事態を招いてしまった．

　太陽物理学はまさに日進月歩の世界で，明日にはもう新しい観測データや理論・シミュレーションなどによって，教科書が書き変わるような成果が発表されるかもしれない．そのような状況の中で，なんとか乗り遅れないように努力はしたが，なにしろ 13 年もかけてしまっただけに，分野によってはもはや考えが変わっていたり，重要な事項が抜け落ちていたりするおそれもある．また，太陽のできるだけ多くの面を紹介しようとしたため，広く浅くになってしまった面も否めない．近頃は，太陽および太陽地球環境に関する普及書・専門書が多く出版されているので，興味や疑問をもたれた事項があれば，ぜひそれらの書物を通じて次の段階に進んでいただきたい．

　思い返せば，筆者が大学 2 回生のときに恒星社から出版された『現代天文学講座 5　太陽』を読んだことが，太陽を研究しようと思ったひとつのきっかけになったようだ．中学生の頃に黒点を観察した程度の対象だった太陽が，変化に富み謎に満ちた天体へと変貌したのである．本書も同じように，読者の太陽を見る目を新たにする一助となれば幸いである．

　長らくの共同研究者である大阪府立大学工業高等専門学校の當村一朗さんには，原稿のすべてに目を通していただき的確な助言を賜った．本書の執筆は大阪教育大学の福江純さんの勧めによるもので，機会を与えて下さったことに感謝する．恒星社厚生閣の片岡一成さんと白石佳織さんには，筆のはかどらない筆者を温かく見守っていただいた．また，資料を提供いただいた多くの方々にお礼申し上げる．

　　2013 年 4 月

川上新吾

☆著者紹介

川上　新吾（かわかみ　しんご）

1961年，和歌山市に生まれる．1985年，京都大学理学部卒業．1988年，京都大学大学院理学研究科博士課程中退．大阪市立電気科学館技術職員，大阪市立科学館学芸員として天文学の教育普及に従事する一方，国立天文台および京都大学理学部附属天文台において観測・研究を行う．現在，文部科学省教科書調査官．専門は，太陽物理学．特に太陽表面で起こる諸現象と磁場構造との関係を分光偏光観測により調べている．

EINSTEIN SERIES volume3
太陽へのたび
現在・過去・未来

2013年4月20日　初版1刷発行

川上　新吾　著

発行者　片岡　一成
製本・印刷　㈱シナノ

発行所／㈱恒星社厚生閣
〒160-0008　東京都新宿区三栄町8
TEL：03(3359)7371／FAX：03(3359)7375
http://www.kouseisha.com/

（定価はカバーに表示）

ISBN978-4-7699-1046-6　C3044

JCOPY　＜(社)出版者著作権管理機構　委託出版物＞
本書の無断複写は著作権法上での例外を除き禁じられています．複写される場合は，そのつど事前に，(社)出版者著作権管理機構（電話 03-3513-6969，FAX 03-3513-6979，e-mail: info@jcopy.or.jp）の許諾を得てください．

続々刊行予定　EINSTEIN SERIES

A5判・各巻予価 3,300 円　　☆既刊本

vol.1	**星空の歩き方**　―今すぐできる天文入門	渡部義弥 著
☆ **vol.2**	**太陽系を解読せよ**　―太陽系の物理科学	浜根寿彦 著
☆ **vol.3**	**太陽へのたび**　―現在・過去・未来　206 頁・3,465 円（税込）	川上新吾 著
vol.4	**星は散り際が美しい**　―恒星の進化とその終末	山岡 均 著
☆ **vol.5**	**宇宙の灯台** パルサー　184 頁・3,465 円（税込）	柴田晋平 著
☆ **vol.6**	**ブラックホールは怖くない？**　―ブラックホール天文学基礎編　192 頁・3,465 円（税込）	福江 純 著
☆ **vol.7**	**ブラックホールを飼いならす！**　―ブラックホール天文学応用編　184 頁・3,465 円（税込）	福江 純 著
vol.8	**星の揺りかご**　―星誕生の実況中継	油井由香利 著
☆ **vol.9**	**活きている銀河たち**　―銀河天文学入門　184 頁・3,465 円（税込）	富田晃彦 著
vol.10	**銀河モンスターの謎**　―最新活動銀河学	福江 純 著
☆ **vol.11**	**宇宙の一生**　―最新宇宙像に迫る　176 頁・3,465 円（税込）	釜谷秀幸 著
☆ **vol.12**	**歴史を揺るがした星々**　―天文歴史の世界　232 頁・3,465 円（税込）	作花一志・福江 純 編
別 巻	**宇宙のすがた**　―観測天文学の初歩	富田晃彦 著

タイトル，価格には変更の可能性があります．